Aquarienfische
im
Blickpunkt

Hans-Joachim
Richter

Aquarienfische im Blickpunkt

Mit 350 Farbfotos des Autors

Landbuch

Landbuch-Verlag GmbH, Hannover, 1984

Verlag für populärwissenschaftliche Literatur, Leipzig 1984
Typographie: Lothar Gabler
Lichtsatz: Karl-Marx-Werk Pößneck
Druck und buchbinderische Weiterverarbeitung: Grafische Werke Zwickau
Printed in the German Democratic Republic
ISBN 3 7842 0305 1

Inhalt

Ein Wort zuvor

Über den Wert der Aquarienfotografie wird kaum jemand streiten wollen. Der dokumentarische Charakter der Fotografie und der ästhetische Reiz wirklich gelungener Aufnahmen haben sie längst unentbehrlich gemacht für die Entwicklung der Aquaristik und der vielgestaltigen Literatur, die dieser Entwicklung dienlich ist. Hoher technischer Standard der Kameras, des Aufnahmematerials und der Beleuchtungstechnik, einschlägige Anleitung und praktikable Hilfestellungen in der aquaristischen Literatur erlauben heute jedem Aquarianer, sich diesem reizvollen Spezialgebiet seiner Liebhaberei zu widmen. Dennoch tauchen in den Bildnachweisen von Fachzeitschriften und Büchern häufig die gleichen Bildautoren auf; es wird deutlich, daß die sichere Beherrschung des Fotografisch-Handwerklichen zwar selbstverständliche Voraussetzung, aber noch längst nicht alles ist. Wirklich hervorragende Ergebnisse, Spitzenleistungen der Aquarienfotografie verlangen viel mehr ...

Hans-Joachim Richter gehört ohne Zweifel international zur ersten Reihe der Aquarienfotografen. Seine Aufnahmen — vor allem viele unübertroffene Laichserien — erscheinen in aquaristischen Fachzeitschriften in aller Welt und bereichern zahlreiche Sachbücher.

Die Aufnahmen dieses Bandes — zu einem großen Teil erstmalig veröffentlicht — sind nur eine kleine Auswahl aus dem umfangreichen Material, das in Jahren intensiver Arbeit entstanden ist. Zusammen mit dem begleitenden Text, gespeist aus jahrzehntelangem erfolgreichen Wirken als Aquarianer, ausgedehntem Literaturstudium und nicht zuletzt den Erfahrungen und Beobachtungen, die aus der Teilnahme an Fangexpeditionen in den Heimatbiotopen der Zierfische erwachsen sind, konzentrieren sie die Aufmerksamkeit auf das interessante Verhalten der Fische.

In der Dokumentation von Verhaltensweisen leisten die Fotos von Hans-Joachim Richter Außerordentliches, nicht selten Einmaliges. Durch ihre Schönheit, ihre fotografische und ästhetische Qualität ziehen sie aber auch jene Betrachter in ihren Bann, denen die Bedeutung ihrer ethologischen Aussage nicht das Entscheidende ist.

Nur wenige aber werden ermessen können, welche unendliche Mühe und Geduld, welche durch Erfahrungen geschulte Beobachtungsgabe, welche Zähigkeit und leidenschaftliche Besessenheit vonnöten waren, um zu solchen Ergebnissen zu gelangen. Darin aber liegt das Geheimnis von Spitzenleistungen der Aquarienfotografie, die dieses Buch vermitteln will ...

Der Verlag

Von Roßmäßler bis …? – Faszination einer Liebhaberei

Viele Wege führen zur Aquaristik, und es fällt schwer, darunter den Hauptweg zu bestimmen, der Millionen von Aquarianern in aller Welt zu ihrer Liebhaberei geführt hat.

Was ist es, das die »Beobachtung, Pflege und Zucht von Wassertieren und -pflanzen«, wie einschlägige Lexika die Aquaristik knapp-nüchtern definieren, für ungezählte Menschen so anziehend macht? Was läßt selbst Fernstehende vor den großen Schauaquarien in den zoologischen Gärten verharren?

Die bunte, geheimnisvolle Welt hinter den Glasscheiben übt einen faszinierenden Reiz aus. Sicher spielt dabei eine große Rolle der Hauch Exotik, den tropische Zierfische ausstrahlen. Ihre leuchtende Farbenpracht, die unerwartete Vielfalt der Formen und Bewegungen vermitteln ästhetischen Genuß und emotional anrührende Erlebnisse. Wer kann sich dem eindrucksvollen Schauspiel eines balzenden Mosaikfadenfischpaares entziehen? Wer bleibt schon unberührt bei der Beobachtung eines jungeführenden und seinen Nachwuchs verteidigenden Cichlidenweibchens?

Aber wer einmal sein erstes Aquarium eingerichtet hat, merkt bald: Es ist nicht allein das »bißchen Südsee« im Alltag und die Befriedigung eines vielleicht unbewußten Schönheitsbedürfnisses, das ein gut bepflanztes und überlegt mit Fischen besetztes Aquarium verschafft. Spätestens nach den ersten Haltungserfolgen, der erregenden Freude am Gedeihen seiner Pfleglinge und dem Ärger über unvermeidliche Fehlschläge wird auch dem Anfänger klar, daß in der Aquaristik mehr steckt, als er geahnt hatte. Dann ist er aber schon auf dem richtigen Wege, und Schritt für Schritt erschließen sich ihm unbegrenzte Möglichkeiten zu schöpferischem Tun. Ganz gleich, welche Ziele er sich setzen mag, ob das schöne Aquarium im Wohnzimmer oder die Zucht seinen Eifer wecken, ob Verhaltensbeobachtungen oder die Vermehrung von Wasserpflanzen ihn reizen — er erliegt der Faszination einer Liebhaberei, wie schon viele vor ihm.

Dabei ist die Geschichte der Aquaristik im eigentlichen Sinne noch nicht viel älter als ein Jahrhundert. Ihre deutsche Geburtsurkunde schrieb Emil Adolf Roßmäßler mit seinem berühmten Aufsatz »Der See im Glase«, der 1856 in der damals vielgelesenen Familienzeitschrift »Die Gartenlaube« erschien. Dieser Aufsatz wie auch sein nicht sehr umfangreiches, aber grundlegendes Buch unter dem Titel »Das Süßwasseraquarium«, das ab der 2. Auflage 1868 von Alfred Brehm bearbeitet wurde, erreichten ungeahnte Wirkungen.

Roßmäßler zielte mit seinen Bemühungen um die aquaristische Haltung von Wasserpflanzen und -tieren auf die Popularisierung naturwissenschaftlicher Erkenntnisse und traf damit auf eine aufnahmebereite Öffentlichkeit. Er hatte den Erfolg, der allen früheren Versuchen noch versagt geblieben war.

Vorstufen der modernen Aquaristik existierten

schon Tausende Jahre früher. Im alten Ägypten wurden in den Palastanlagen der Pharaonen und hohen Würdenträger Fische nicht nur zu Speisezwecken gehältert. Bei den Ausgrabungen Pompejis sind Behälter entdeckt worden, die offensichtlich zur Freude ihrer Besitzer mit Fischen besetzt waren. Im Tiergarten des Aztekenherrschers Montezuma existierten künstliche Bassins mit Süß- und Meerwasser für Fische und Wassertiere, die zur Beobachtung und zum Vergnügen der Gäste gepflegt wurden. In China hat die Haltung und Zucht des Goldfischs und zahlreicher seiner Varietäten eine tausendjährige Tradition, und auch für sein östliches Nachbarland Japan sind Jahrhunderte der Goldfischzucht erwiesen.

In Europa gab es schon seit langem vereinzelt Versuche, Fische zum Zwecke wissenschaftlicher Forschungen in entsprechenden Behältern am Leben zu erhalten. Die Erfolge blieben aus, weil grundlegende Zusammenhänge und Wechselwirkungen zwischen Pflanzen und Tieren im Medium Wasser noch nicht erkannt waren. Berühmte Namen der Wissenschaftsgeschichte sind mit diesen Bemühungen verbunden. Roßmäßler nennt unter anderem Swammerdam, Leeuwenhoek und Réaumur als »absichtslose Erfinder unserer Aquarien«.

Entscheidende Schritte in Richtung auf eine Aquaristik im heutigen Sinne gelangen schließlich in der Mitte des vorigen Jahrhunderts in England. In der gemeinsamen Pflege von Wasserpflanzen und -tieren wurden Voraussetzungen gefunden, die auch unter den räumlich begrenzten Bedingungen eines Aquariums dauerhafte Erfolge ermöglichten. Auf diesen Erfahrungen und den gewachsenen wissenschaftlichen Erkenntnissen konnte Roßmäßler aufbauen. Sie bildeten eine wesentliche Quelle für den Erfolg seiner Bemühungen.

Aber vieles mußte noch hinzukommen, um der Aquaristik ihren führenden Platz in der Rangfolge der Heimtierhaltung zu verschaffen.

Roßmäßler sah in der Aquaristik, ohne ihren erholungsfördernden und ästhetischen Wert zu unterschätzen, in erster Linie einen »ewig lebendigen Quell belehrender Unterhaltung«. Dieser volksbildnerisch-aufklärerische Standpunkt ist sicher immer noch eine gewichtige Komponente der heutigen Aquaristik, wenn auch wesentlich vertieft durch die wechselseitige Befruchtung von Aquaristik und Ichthyologie (Fischkunde), von Ethologie (Verhaltenswissenschaft), Physiologie (Lehre von den Lebensvorgängen in den Organismen) und anderen Teildisziplinen der Biologie. Während die ersten Aquarianer noch mühsam tastend den beschwerlichen Weg von Versuch und Irrtum gehen mußten, kann die Aquaristik heute auf einem festen Fundament gesicherten Wissens aufbauen, das zu großen Teilen den Leistungen von Aquarianern – Laienforschern aus Leidenschaft – zu danken ist. Der eigenständige Beitrag der Aquaristik zum wissenschaftlichen Erkenntnisstand ist beträchtlich, und er wächst mit den besseren Voraussetzungen ständig weiter.

Die Pionierleistung Roßmäßlers und seiner Nachfolger verdeutlicht im vollen Umfang der Vergleich der damaligen Voraussetzungen mit der späteren Entwicklung. Es begann mit der Haltung einheimischer Wasserpflanzen und -tiere. Selbst der Goldfisch, obwohl schon 200 Jahre in Europa bekannt, stand erst am Anfang seiner massenhaften Verbreitung, und seine qualvolle Haltung in den Goldfischglocken der Gründerzeitsalons hatte mit Roßmäßlers Anliegen und der Aquaristik nur wenig zu tun.

Für den starken Auftrieb der noch jungen Liebhaberei sorgte vor allem die Einfuhr und aquaristische Vermehrung tropischer und subtro-
pischer Fischarten. Der »Paradiesfisch« (*Macropo- 125
dus opercularis*) machte 1869 den Anfang und stellte mit seiner fremdartigen Pracht und der interessanten Fortpflanzungsweise alles in den Schatten, was bis dahin in den Aquarien gepflegt worden war. Nordamerikanische Sonnenbarsche folgten und der erste Cichlide aus Südamerika, der heute schon fast wieder vergessene Chanchito (*Cichlasoma facetum*). Ende des 19. Jhs. wurden Lebendgebärende Zahnkarpfen zu einer aquaristischen Sensation ersten Ranges. Sie trugen nicht wenig zur weiteren schnellen Entwicklung

der Aquaristik bei. Viele der exotischen Fremdlinge erwiesen ihre im Vergleich zu einheimischen Arten bessere Aquarieneignung und Anpassungsfähigkeit. Sie wurden die Zierfische per excellence. Die Zahl der eingeführten Arten wuchs rasch; 1910 waren schon 180 Arten in Liebhaberhände gelangt. Eine Liste von 1950 reichte bereits bis etwa 800, eine Zahl, die heute weit überschritten ist. Wenn auch mancher Fisch — aus unterschiedlichen Gründen — nur zeitweiliger Aquariengast war und das sogenannte Standardsortiment des Zoohandels wesentlich geringer ist, jede neue Fischart in den Aquarien bereicherte die Erkenntnisse über das Leben der Fische und führte zu Fortschritten in der Haltung und Zucht — bis hin zur Fischereiwirtschaft.

Ein Ende dieser Entwicklung ist nicht abzusehen. Die massenhafte Verbreitung der Aquaristik in den letzten Jahrzehnten wird besonders gefördert durch den allgemeinen Trend in städtischen Ballungsgebieten, sich ein »Stück Natur« in die eigenen vier Wände zu holen. Eine ganze Industrie hat sich diesen Bedürfnissen angepaßt und ist — von der Aquarientechnik bis zur Futtermittelherstellung, von großen Zucht- und Vermehrungsbetrieben für Zierfische und Wasserpflanzen bis zu Import- und Exportfirmen und Zierfischfangstationen — international zu einem wirtschaftlichen Faktor beachtlicher Größe gewachsen. In der Vermarktung des menschlichen Bedürfnisses nach unmittelbarem Kontakt mit der Natur liegt aber auch, wie in anderen Bereichen der Heimtierhaltung, eine Gefahr. Sie wird akut, wenn der steigende Bedarf durch unkontrollierte Wildfänge von Zierfischen und Raubbau an den natürlichen Ressourcen gedeckt werden soll.

Der Aquaristik — selbst in ihrer gegenwärtigen Massenerscheinung — ist diese Gefahr nicht anzulasten; sie hat durch ihre eigene Entwicklung die Voraussetzungen geschaffen, sich ohne gefährdende Eingriffe in die Natur selbst zu erhalten. Sie ist in der Lage, eine gegenüber den Bedingungen im natürlichen Biotop vielfach höhere Vermehrungsrate zu sichern. Um genau zu sein: das trifft bisher — fast ohne Ausnahme — nur für das Süßwasseraquarium zu. In der Meeresaquaristik ist die Nachzucht vieler Tierarten noch nicht gelungen. Ungehemmter Raubbau und rücksichtslose Ausbeutung haben manches Korallenriff schon bedenklich entvölkert.

Aber selbstverständlich ist das heute Erreichte in allen Teilgebieten der Aquaristik nicht das letzte Wort, und viele Fragen bleiben offen als ständige Herausforderung an das schöpferische Bemühen der Aquarianer wie der professionellen Wissenschaft.

Und wenn das Bemühen, immer tiefer einzudringen in die biologischen Zusammenhänge im Leben der Aquarienfische und -pflanzen, vielleicht auch nicht der Hauptweg ist, der die enorme Verbreitung der Aquaristik bestimmt: ohne Zweifel ist er eine Dominante der Entwicklung von Roßmäßler bis ...?

Der Fisch in seiner Welt – Lebensräume und Anpassung

Aquarienfische bilden nur eine geringe Minderheit der gegenwärtig existierenden Fischfauna. Man schätzt die Zahl der rezenten Arten auf 25 000 bis 30 000. Die große Schwankungsbreite in den Angaben beruht nicht allein auf Unsicherheiten in der Systematik der Fische. Es gibt einfach noch keinen vollständigen Überblick über die artenreichste und älteste Ordnung der Wirbeltiere.

Das Bild verschiebt sich auch ständig durch Neuentdeckungen. Selten allerdings sind es so sensationelle Funde wie der des Quastenflossers *Latimeria chalumnae* (1938), einer für die Stammesgeschichte der Wirbeltiere wichtigen Art. Eigentlich sollten die Quastenflosser, die als Übergangsglied zu landlebenden Wirbeltieren betrachtet werden, schon vor 50 Millionen Jahren ausgestorben sein — aber sie überdauerten als urtümliche Relikte einer fernen erdgeschichtlichen Vergangenheit, als lebende Fossilien, die Zeiten bis zur Gegenwart . . . Die meisten Entdekkungen werden von der breiten Öffentlichkeit gar nicht registriert, und nur Aquarianer nehmen sie erfreut zur Kenntnis, wenn sie das Zierfischangebot bereichern. In der Regel bleiben aber die neuen, ebenso wie sicher weit über 90 % aller bekannten Fischarten, für die Aquaristik »uninteressant«. Sie sind zu groß, als Zierfische nicht attraktiv genug oder haben sich Lebensbedingungen angepaßt, die im Aquarium nicht simuliert werden können.

Dennoch liegt in der Artenvielfalt der Fische und ihrer Anpassungsfähigkeit an unterschiedliche und teilweise extreme Lebensbedingungen ein generelles Problem, das auch für die begrenzteren Interessen der Aquaristik bedeutsam ist.

Die Mannigfaltigkeit der Arten und ihre Anpassung an die Umwelt haben wissenschaftliches Denken schon lange beschäftigt, bevor Charles Robert Darwin während der berühmten Fahrt der »Beagle« den Grundgedanken der Evolution und des Ursprungs der Arten in der natürlichen Selektion fand.

Die Entdeckung der Vererbungsgesetze durch Gregor Mendel und ihrer zellgenetischen Grundlagen im 20. Jahrhundert haben die Darwinsche Evolutionstheorie glänzend bestätigt. Ohne die Kenntnis der grundlegenden Vorstellungen der Evolutionstheorie bleiben viele Vorgänge im Aquarium unverständlich, und die Frage nach dem Warum geht ins Leere oder führt zur haltlosen Spekulation. Deshalb folgt an dieser Stelle ein kleiner theoretischer Exkurs, auch wenn er für manchen Leser nur Bekanntes wiederholen mag.

Fische besiedeln im gegenwärtigen Erdzeitalter einen riesigen Lebensraum. Die Erde ist ein »Wasserplanet«. Mehr als zwei Drittel ihrer Oberfläche bedeckt Wasser — und fast in jeder Wasseransammlung existieren Fische. Die Verteilung der 25 000 bis 30 000 rezenten Arten im Lebensraum Wasser ist aber bemerkenswert diskontinuierlich.

In den Ozeanen, die über 97 % der gesamten

Wasservorräte der Erde erfassen, leben relativ weniger Arten als in den Süßwasservorkommen. Der überwiegende Teil des Süßwassers ist noch dazu im Polareis und in Gletschern gebunden (2,15 % aller Wasservorräte) oder als Grundwasser (0,6 % Anteil) für höhere Lebensformen unzugänglich. Nur %-Bruchteile bleiben für die Fließgewässer und kleineren oder größeren Wasseransammlungen der Kontinente.

In diesem winzigen »Rest« der Wasserressourcen — verteilt auf zahllose Rinnsale, reißende Gebirgsbäche, Urwaldflüsse und große Stromsysteme, auf große Seen, Teiche, Tümpel und zeitweise austrocknende Wasserlachen — leben über 40 % der heutigen Fischarten. Fast ebensoviel sind an die warmen Flachwasserzonen der Meere gebunden, knapp 6 % verteilen sich auf kalte Küstengewässer, über 11 % finden sich im Dunkel der Tiefsee, an den steilen Kontinentalabhängen und in Tiefseebodennähe, aber nur 1,3 % der Arten existieren in den unendlichen Weiten der Hochsee.

Ihre heutige Artenvielfalt haben die Fische in unvorstellbar langen erdgeschichtlichen Zeiträumen im Laufe ihrer stammesgeschichtlichen Entwicklung erworben. Ihre ersten Spuren — fremdartig anmutende, primitive Panzerfische, noch kieferlos, mit einem Kiemenfilterapparat ausgerüstet und deshalb auf die Ernährung mit Kleinstlebewesen angewiesen — sind aus frühen Sedimenten des Erdaltertums, aus der Zeit des Ordoviziums, fast 500 Millionen Jahre zurück, fossil überliefert. Mit diesen urtümlichen Lebensformen tritt der früheste Zweig der Wirbeltiere in Erscheinung, beginnt die Evolution jenes Stammes im Tierreich, der schließlich bis zum Menschen führte.

Eine erste Blütezeit erlebten die Fische bereits im Devon. Während ihre Vorfahren vermutlich an Süßwasser gebunden waren, eroberten sie in dieser Zeit die flachen, nahrungsreichen Schelfgebiete der Ozeane. Die ersten Strahlenflosser, eine Unterklasse der sog. Knochenfische, stammen aus dem mittleren Devon, der Zeit vor 360 Millionen Jahren. Von ihnen leiten sich fast alle gegenwärtig lebenden Fische ab. Dieser in der Evolution erfolgreichsten Gruppe gegenüber haben die urtümlichen Knorpelfische heute nur noch 555 Arten — Haie und Rochen — zu verzeichnen, und Abkömmlinge der primitiven Kieferlosen sind mit ca. 50 Arten — den Neunaugen und Ingern — in der Fischfauna der Jetztzeit vertreten.

Die Klasse der Strahlenflosser erwies in Jahrhundertmillionen ihre außerordentliche entwicklungsgeschichtliche Potenz. Mit den frühen Strahlenflossern war ein Grundbauplan gewonnen, der in optimaler Anpassung an das Leben im Wasser seine spätere reiche Entfaltung ermöglichte: die gestreckt-spindelförmige Gestalt; strahlengestützte Flossen, die als Antriebs- und Steuerungsorgan des strömungsgünstigen Fischkörpers dienen konnten; eine »Schuppenhaut« als schützende äußere Körperbedeckung, die durch ihre spezielle Struktur die Gleitfähigkeit im Wasser verbesserte; die Schwimmblase als hydrostatisches Organ, mit der das »Schweben« im Wasser ohne zusätzlichen Energieaufwand möglich wurde; die Kiemenatmung für den Gasaustausch im Wasser. Im Grundbauplan der Strahlenflosser waren bereits die Organe für alle fünf Sinnesfunktionen enthalten, die auch den höheren Wirbeltieren eigen sind. Fische können sehen, hören, riechen, schmecken und tasten. Sie haben darüberhinaus ein Ferntastsinnesorgan, das ihre Kommunikationsfähigkeit beachtlich erweitert und Ausfälle oder lebensraumbedingte Einschränkungen anderer Sinneswahrnehmungen kompensieren kann.

Diese Grundstrukturen haben im Laufe der evolutionären Entwicklung über Millionen Jahre zahllose Abwandlungen erfahren. Aus wenigen, primitiven Formen entstanden immer neue, differenziertere, den sich wandelnden Umweltbedingungen besser angepaßte Arten. Die Fische eroberten mit ihrer zunehmenden Differenzierung neue Lebensräume.

Beweise für die evolutionäre Entwicklung und Vermannigfaltigung der Arten liegen vor in den fossil überlieferten Entwicklungsstufen und werden durch den morphologischen Vergleich mit späteren erhärtet.

Die Ursachen für die Evolution aber blieben im dunkeln – bis zu den grundlegenden Entdekkungen Darwins und seiner Nachfolger. Darwin erfaßte im Wechselspiel von zufälliger Variabilität und natürlicher Selektion den Hauptfaktor der Evolution. Die Genialität seiner Entdeckung wird nicht dadurch geschmälert, daß er vorerst die Variabilität der Arten nur empirisch belegen konnte und es der molekulargenetischen Forschung des 20. Jahrhunderts vorbehalten blieb, die Veränderlichkeit der Erbsubstanz durch Mutationen nachzuweisen.

Ein vereinfachtes, auf wesentliche Wechselwirkungen reduziertes Modell kann den Vorgang der natürlichen Selektion verdeutlichen:

Eine Welspopulation lebt in einem bestimmten Biotop, z. B. einem raschfließenden Gebirgsbach mit dunklem Schottergrund. Zwischen den Individuen dieser Welspopulation bestehen geringe Unterschiede im Körperbau, in der Färbung, der Ausbildung und Funktionstüchtigkeit der Organsysteme. Solche Differenzierungen sind nicht bloße Hypothese, sondern empirisch faßbare Tatsache, die in der gesamten organischen Welt Bestätigung findet. Kein Mensch gleicht dem anderen, kein tierischer (und auch kein pflanzlicher) Organismus ist die absolute Kopie eines anderen, wenn man einmal absieht von der besonderen Problematik klonierter Vermehrung oder eineiiger Zwillinge. Die Basis der Variabilität bilden zufällige Veränderungen in den Genen – Mutationen. Zufällige Veränderungen sind vererbbar. Auch das ist zunächst eine empirische Erkenntnis. Kinder ähneln häufig ihren Eltern, wenn auch das vereinfachte Modell die tatsächliche Kompliziertheit des Erbganges und die ungeheuer große Vielfalt an Kombinationsmöglichkeiten unberücksichtigt läßt.

Auf die hypothetische Welspopulation angewandt, können die vererbbaren Veränderungen eine unterschiedliche Umwelteignung haben. Eine zufällig auftretende dunklere Färbung bietet ihrem Träger auf dunklem Untergrund eine bessere Tarnung und damit Schutz vor Feinden. Besonders schlanker Wuchs verringert den Stirnwiderstand im strömenden Wasser, der schlankere Fisch verbraucht weniger Energie bei der Fortbewegung und der Nahrungssuche. Eine zufällig mutativ reduzierte Schwimmblase mit entsprechend geringerem Auftrieb begünstigt das betroffene Individuum, im Schutz des steinigen Grundes am Boden zu bleiben und verringert die Gefahr, abgetrieben zu werden.

Unter den konkreten Umweltbedingungen unserer Modellpopulation sind die als Beispiel genannten Varianten vorteilhaft. Ihr biologischer »Wert« ist immer umweltbezogen. Was »besser« ist, entscheidet sich durch die bessere Angepaßtheit.

Unter anderen Bedingungen, in denen die gleichen Varianten sich ebenso zufällig ergeben könnten, wären sie möglicherweise von großem Nachteil. Die dunklere Farbe über hellem Sandgrund wäre Freßfeinden nützlich, aber nicht ihrem Träger; die reduzierte Schwimmblase würde die Fluchtchancen verringern, weil sie das Schwimmen im freien Wasser erschwert.

Die unter konkreten Bedingungen bessere Umwelteignung eines neuen Merkmals verschafft nicht nur dem einzelnen Individuum Vorteile. Die günstigere Variante wird durch erhöhte Fortpflanzungschancen in den Folgegenerationen der Population einen etwas höheren Anteil an Nachkommen haben.

Ob allerdings die Variante sich in der Population stabilisieren und im Laufe vieler Generationen vielleicht sogar artkonstituierende Qualität erlangen kann (dazu werden unter normalen Evolutionsbedingungen vermutlich Tausende und Zehntausende von Jahren gebraucht! –), hängt von zwei Grundvoraussetzungen ab. Einmal müssen die im Areal der Population gegebenen Bedingungen über sehr lange Zeiträume stabil bleiben und damit die günstige Korrelation von Merkmal und Umwelt aufrechterhalten. Zum anderen aber muß die Population – die Zahl der an der Fortpflanzung beteiligten Individuen – begrenzt sein.

Die erste Voraussetzung bedarf keiner Erklärung, aber auch die zweite Forderung erschließt sich leicht dem Verständnis, wenn man allgemein bekannte Tatsachen heranzieht. Im Grunde hat der Mensch schon seit Jahrtausenden, ohne Kenntnis der zugrundeliegenden Naturgesetze, in ihrem Sinne gehandelt. Die Domestikation der Haustiere beruht auf der praktizierten Verhinderung eines unbegrenzten genetischen Austauschs. Die Zucht des Goldfisches, ausgehend von Farbmutanten des verbreiteten Giebels (*Carassius auratus gibelio*), und jede Auswahlzucht sind nur so zu verstehen.

Noch einmal zu unserer hypothetischen Welspopulation: Damit z. B. das Merkmal »reduzierte Schwimmblase« erhalten bleibt, muß die Population über lange Zeiträume unter Bedingungen existieren, die dem Merkmalsträger Vorteile bieten. Sie muß aber auch in irgendeiner Art — die unbestimmte Formulierung mag hier genügen, weil ihre detaillierte Erörterung in diesem Zusammenhang zu weit führte — in eine fortpflanzungsmäßige Isolation geraten, um der nivellierenden Wirkung des unbegrenzten genetischen Austauschs zu entgehen. Bei jeder Paarung »halbiert« sich ja gewissermaßen die Chance für das mutierte Gen, vererbt zu werden, und nur durch das zufällige (oder in der künstlichen Zuchtwahl bewußt herbeigeführte) Zusammentreffen mit einem Partner, der das mutierte Gen besitzt, wird der Erhalt des neuen Merkmals gesichert.

Natürlich ist die Modelldarstellung der Evolutionstheorie vereinfacht und erfaßt nicht alle im einzelnen komplizierten Zusammenhänge. Aber der Grundgedanke des Wechselspiels von zufälliger Variabilität und natürlicher Selektion, die Erkenntnis, daß Selektion auf vererbbaren Eignungsunterschieden zwischen den Individuen begrenzter Populationen beruht, und daß das Kriterium der Eignung der Fortpflanzungserfolg, der höhere Anteil an Nachkommenschaft und damit der größere Beitrag zum Genreservoir der nächsten Generationen ist, liefert den Schlüssel zum Verständnis der Evolution.

Eine außerordentliche Vermannigfaltigung der Formen in der organismischen Welt — die heutige Artenvielfalt der Fische ist nur Beispiel —, die Erschließung neuer Lebensräume und die Höherentwicklung in vielen Formengruppen ist ihr Ergebnis.

Die Kenntnis der grundlegenden evolutionären Entwicklungsmechanismen hilft, die im folgenden vorgeführten Beispiele der Anpassung von Fischen richtig einzuordnen. Sie gibt im übrigen auch die Möglichkeit, eine evolutionstheoretische Begründung der Diskontinuität der Artverteilung und der geringen Artenzahl der Hochseefische zu finden.

Die ersten Urfische sind kaum handlange Tiere gewesen. Millionen Jahre, in denen sich schon zahlreiche Arten herausgebildet und die ursprünglichen Süßwasserbewohner die flachen Schelfgebiete der warmen Meere als Lebensraum erobert hatten, blieb die Größendifferenzierung in Grenzen. Im späten Devon erschienen allerdings schon gepanzerte Fische, die fast 10 m lang werden konnten.

Die erdgeschichtliche Gegenwart aber bietet Fischzwerge, die überhaupt die kleinsten Wirbeltiere verkörpern, wie beispielsweise winzige Bärblinge *(Rasbora maculata)*, die nur reichlich 20 mm Körperlänge erreichen, und Riesen unter den Haien, die fast 20 m messen (z. B. den Rauhhai *Rhineodon typicus*). Auch Süßwasserfische unserer Tage wachsen gelegentlich zu gewaltigen Exemplaren heran. Beim Wels (*Silurus glanis*) sind schon 5 m lange Tiere gefangen worden. Riesig werden auch die *Arapaima gigas* aus Südamerika, wahrscheinlich die größten gegenwärtig lebenden Süßwasserfische.

Die ganz großen unter den Fischen sind selbst als Jungtiere nur selten in den öffentlichen Schauaquarien zu bewundern. Fischzwerge finden dagegen immer wieder ihre Liebhaber unter den Aquarianern.

In der Größe der Fische spiegelt sich eine wichtige Komponente der Anpassung an die ökologische Nische, der die Art ihre Entstehung verdankt. Zu warnen ist aber vor kurzschlüssigen

Folgerungen der Art, daß kleine Fische nur in kleinen Rinnsalen oder Tümpeln, große jedoch nur in weiträumigen Gewässern gemäße Lebensbedingungen finden könnten. Große und kleine Fische im gleichen Biotop bedeutet auch nicht ohne weiteres, daß sie als Glieder einer Nahrungskette in einem Räuber-Beute-Verhältnis stehen müßten . . .

In seinen chemisch-physikalischen Parametern ist der Lebensraum Wasser keinesfalls einheitlich. Wasser ist nicht gleich Wasser. Im Laufe der evolutionären Entwicklung haben sich die Fische an die besonderen Bedingungen ihres Lebenselements angepaßt. Meeresfische können nur im Meerwasser existieren, das relativ gleichmäßig in allen Ozeanen einen Salzgehalt von 35 ‰ aufweist. Meeresfische haben demzufolge nur eine geringe Toleranz gegenüber der Zusammensetzung des Wassers entwickelt. Manche der vergleichsweise größeren Schwierigkeiten der Meeresaquaristik beruhen darauf, und Meeresaquarianer haben in dieser Hinsicht mitunter bittere Erfahrungen machen müssen.

Süßwasserfische tolerieren in der Regel größere Unterschiede. Ihr Lebensraum ist im Jahreslauf stärkeren Veränderungen unterworfen. Regenzeiten, Schneeschmelze, starke Verdunstung, Temperaturschwankungen im Tagesgang verursachen Verschiebungen in den Parametern des Wassers. Für die Aquarienpraxis resultiert daraus die Möglichkeit, die meisten Zierfische im »normalen« Leitungswasser zu halten, obwohl sich das in seinem Chemismus mitunter beträchtlich von dem des Ursprungsbiotops unterscheidet. Anders sieht es allerdings bei Zuchtversuchen aus. Befruchtung und Schlupf funktionieren häufig nur innerhalb enger Toleranzen.

Neben den Normalfällen existieren in der Welt der Fische aber auch viele erstaunliche Sonderanpassungen.

Daß Fische der Brackwasserzone nach beiden Seiten, zum Meerwasser und zum Süßwasser hin, größere Toleranzen herausgebildet haben, ist einzusehen. Schwieriger und im Grunde bisher nicht beantwortet ist die Frage, wie es in verschiedenen Fischfamilien zu dem ein- oder mehrmaligen Wechsel von Salz- und Süßwasserleben gekommen ist. Das Beispiel unseres Aals (*Anguilla anguilla*) ist allgemein bekannt. Er wächst im Süßwasser jahrelang heran, laichreif geworden aber wandert er, einem unerklärbaren Trieb folgend, über Tausende Kilometer zur Sargassosee vor der amerikanischen Ostküste, um dort in 400 m Tiefe abzulaichen. Trotz jahrzehntelanger Forschungen gibt es jedoch für viele Fragen und Details dieser Laichwanderung im Meerwasser nur hypothetische Deutungen.

Die (katadrome) Aalwanderung findet ihr Gegenstück in den anadromen Laichzügen der Lachse, Störe und Neunaugen: Fische, die aus ihrem eigentlichen Lebensraum zum Laichen in die Flüsse ziehen und dabei mit unfehlbarer Sicherheit den Ort aufspüren, an dem sie aus dem Ei geschlüpft sind. Nicht die phänomenalen Orientierungsleistungen interessieren in diesem Zusammenhang, sondern die Fähigkeit, mit der unterschiedlichen Zusammensetzung ihres Lebensmediums Wasser fertigzuwerden, die physiologische Anpassung an wesentlich voneinander abweichende Lebensräume.

Beispielen der Anpassung an extreme Lebensbedingungen begegnen wir in Wüstengebieten. Dort gibt es unter bestimmten Voraussetzungen Gewässer, deren Salzgehalt den des Meerwassers noch beträchtlich übersteigt, häufig verbunden mit ungewöhnlich hohen Wassertemperaturen — in der Regel aber auch Fische, die unter diesen Bedingungen existieren können. So leben Cichliden der Gattung *Oreochromis* — eine durch ihre besondere Anpassungsfähigkeit überhaupt bemerkenswerte Gattung — in dem von heißen Sodaquellen gespeisten abflußlosen Magadisee südwestlich von Nairobi bei Wassertemperaturen von 32 bis 42 °C. Der Stahlblaue Wüstenkärpfling (*Cyprinodon macularis*) existiert bei Wassertemperaturen bis zu 48 °C in Quellgewässern von Saratoga und Tecopa in der Wüste von Nevada (USA), die bis zu sechsmal mehr Salze als Meerwasser enthalten.

109/7–11

Näher liegt das folgende Beispiel: Der bedeutendste Thermalsee Ungarns in Héviz ist für die rheumalindernde Wirkung seines heißen, radium- und schwefelhaltigen Quellwassers berühmt. Es dringt mit 38 °C aus der Erde, im See herrschen Temperaturen von durchschnittlich 28 °C. Eine mehrere Meter hohe, torfige Schlammschicht auf dem Grund des Sees und der Schwefelgehalt verleihen dem Wasser eine deutlich wahrnehmbare Duftnote. Erstaunlicherweise schwimmen in diesem See Schwärme von Schwertträgern, Guppys und Gambusen, offensichtlich irgendwann von Aquarianern ausgesetzt. Bedenkt man, daß besonders die Schwertträger aus einem völlig anders gearteten Biotop stammen und ursprünglich in kleinen, klaren Flüssen Mexikos zu Hause sind, frappiert ihre Lebens- und Fortpflanzungsfähigkeit im warmen, schwefelhaltigen Seewasser. Im Laufe weniger Jahrzehnte – schließlich kamen die ersten Lebendgebärenden erst um die Jahrhundertwende nach Europa, und sie waren anfangs bestimmt noch zu teuer für ein Aussetzungsexperiment – hat sich der Organismus der Fische den neuen Bedingungen weitgehend angepaßt. Die Überführung in ein Aquarium mit durchschnittlicher Trinkwasserqualität überleben die Tiere meist nicht.

Das salzhaltige Meerwasser ist für Wirbeltiere im allgemeinen ungenießbar, und Meeresfische besitzen entsprechend wirksame Organstrukturen, um die aufgenommenen Salze wieder aus dem Organismus auszuscheiden. Ebenso ist aber auch destilliertes Wasser lebensfeindlich. In weiten Bereichen des Amazonasbeckens, in Gebieten des immergrünen tropischen Regenwaldes, führen jedoch die Flüsse nicht selten Wasser, das den Vergleich mit destilliertem nahelegt. Der geringmächtige Humusboden des Regenwalds ist arm an Mineralien. Mit dem dichten Wurzelfilz entzieht die üppige Vegetation dem Wasser die letzten Spuren von Mineralien und reichert das in die Flüsse gelangende Grundwasser gleichzeitig mit Huminsäuren an. Im Ergebnis dieser Kreislaufprozesse ist das sogenannte Schwarzwasser nicht nur extrem mineralarm, sondern auch noch sauer. Sein pH-Wert liegt oftmals bei 4,5.

In ähnlich geartetem Wasser, das der Aquarianer für Zuchtzwecke gelegentlich künstlich herstellen muß, sterben eingebrachte Futtertiere rasch ab. Es bildet aber den Lebensraum vieler der schönsten Aquarienfische. Salmler wie der
Rote Neon (*Cheirodon axelrodi*) gehören dazu. 38/2

Hohe Wassertemperaturen über dem durch Anpassung entstandenen Toleranzbereich belasten den Organismus der Fische erheblich. Der in Abhängigkeit von der steigenden Wassertemperatur sinkende Sauerstoffgehalt zwingt sie, das auftretende Defizit durch erhöhte Atemfrequenz auszugleichen. Jeder Aquarianer hat das an seinen Fischen schon beobachtet. Andererseits reagieren Fische, besonders gut bei Kaltwasserbewohnern zu erkennen, auf sinkende Wassertemperaturen mit der Verlangsamung aller Stoffwechselprozesse. Unter der Eisdecke der Gewässer stellen unsere heimischen Fische die Nahrungsaufnahme weitgehend ein, die Herzschlag- und Atmungsfrequenz sinkt ab.

Extrem kaltem Wasser als Daueraufenthalt haben sich Fische polnaher Meeresgebiete angepaßt. In der Antarktis existieren Fische ganzjährig in der Nähe des Gefrierpunkts, der in Abhängigkeit vom Salzgehalt und Druck bei −2 °C liegt. Die »eisliebenden« *Trematomus borchgrevinski* ruhen sich auf Eisvorsprüngen oder in der Eiskristallschicht gefrierenden Wassers aus und ernähren sich dort. Die Anpassung an die außergewöhnlichen Lebensbedingungen führte bei ihnen zum Verlust des Hämoglobins im Blut, das für den Sauerstofftransport im Organismus wichtig ist. Sie haben nur eine geringe Toleranz gegenüber Temperaturschwankungen. Schon eine Erhöhung auf 6 °C überleben sie nicht.

Die Körperformen der Fische verraten dem aufmerksamen Beobachter viel über ihre Lebensweise und den Lebensraum, dem sie angepaßt sind.

Fische des freien Wassers sind häufig schnelle und ausdauernde Schwimmer. Die meisten

Schwarmfische lassen das durch ihren spindelförmigen, seitlich kaum abgeflachten Körper und durch die harmonisch entwickelten, normalen Flossenformen deutlich erkennen. Unter den heimischen Fischen wird dieser Typ am besten durch die Bachforelle (*Salmo trutta fario*) verkörpert, in den Ozeanen durch Thunfische und Haie. Die strömungsgünstige Form begünstigt Dauerschwimmleistungen. Zahlreiche der beliebtesten Aquarienfische gehören zu diesem Gestalttyp, vor allem Bärblinge und Salmler, die ununterbrochen in Bewegung sind und in Schwärmen die freien Wasserschichten beleben.

Als charakteristische Abwandlung dieser Körperform in Anpassung an das Leben in bodennahen Wasserschichten oder am Boden der Gewässer erscheint meist eine mehr oder weniger abgeflachte Bauchpartie.

40/2 Schmerlen der Gattung *Botia* halten sich vorwiegend am Grund langsam fließender oder stehender Gewässer auf. Der mit Schlamm und dikken Schichten abgestorbenen, faulenden Laubes bedeckte Grund bietet gute Entwicklungsbedingungen für Kleinlebewesen wie Schlammröhrenwürmer (Tubificiden) und verschiedene Insektenlarven, die wiederum die wichtigste Nahrungsbasis für die Schmerlen sind.

Ihr kräftiger gestreckter Körper mit auffällig breitem Schwanzstiel, an dem eine tief gegabelte Schwanzflosse ansetzt, zeigt die typische, abgeflachte Bauchlinie der Bodenfische. Der Kopf ist zugespitzt, das Maul von kleinen Barteln umgeben.

Botien bohren sich bei der Nahrungssuche und bei der Flucht tief in den weichen Bodengrund ihres natürlichen Lebensraums. Der spitze Kopf und das stark entwickelte Antriebsorgan Schwanzstiel und -flosse sind dafür hervorragend geeignet.

Die mit Geschmacksknospen ausgestatteten Barteln ermöglichen ihnen das Aufspüren der Nahrungstiere, die im Schlamm versteckt leben.

Die Heimatgewässer der Schmerlen sind vor allem in der Trockenzeit durch Erwärmung, hohen Verdunstungsgrad und die sauerstoffzehrenden Fäulnisprozesse im Bodengrund häufig extrem sauerstoffarm.

Eine akzessorische Darmatmung, die bei dieser Gattung ausgebildet ist, erweist sich als lebenswichtige Anpassung. Kleine Dornen unterhalb der Augen, bei Gefahr seitlich ausstellbar, sind offensichtlich Schutzanpassungen.

Raubfische, die nach der Schmerle geschnappt haben, spucken ihre Opfer schleunigst wieder aus — wenn sie dazu noch in der Lage sind. Die durch ein Sperrgelenk fixierten Dornen verhaken sich in der Speiseröhre des Räubers, die gepackte Beute ist weder vorwärts noch rückwärts zu bewegen. Auch Vögel, die gelegentlich eine Schmerle erbeuten, werden mit den Dornen nicht fertig und lassen den Fisch wieder frei.

Schmerlen mit der Hand aus dem Kescher zu nehmen, ist deshalb besonders bei größeren Exemplaren nicht ratsam. Böse Stichwunden können die Folge sein. Zum Fang verwendet man am besten ein sehr engmaschiges Netz, damit sich die Tiere nicht verhaken. Das Herausfangen von Botien ist im Aquarium aber nicht einfach. Fangversuche enden oft damit, daß von den Tieren in kürzester Zeit nichts mehr zu sehen ist. Sie haben sich blitzschnell irgendwo in den Bodengrund gebohrt.

Viele Buntbarsche sind ebenfalls auf die Bodenzone der Gewässer orientiert. Sie leben über sandigem oder steinigem Grund, häufig in der Uferzone der Gewässer, zwischen Steinen, Wurzeln und im Wasser versunkenem Holz, gut gedeckt vor möglichen Feinden.

Die typische Barschgestalt ist bei den Arten
der Gattung *Cichlasoma* zu finden: ein kräftiger, 138/2
seitlich leicht zusammengedrückter Körper, dessen Rückenlinie deutlich stärker gewölbt ist als der flachere Bauch, und gut entwickelte Flossen. Ältere Tiere, vor allem Männchen, wirken durch ausgeprägtere Hochrückigkeit mitunter etwas bullig.

Extrem hochrückige Buntbarsche von scheibenförmiger Gestalt — die Diskusfische (*Symphy-*
sodon discus) und Skalare (*Pterophyllum scalare*) 41/4, 6
existieren in schwer zugänglichen Biotopen zwi-

schen sparrigem Geäst und großen Steinblöcken. Die aus der Körperform resultierende gemessene, »majestätische« Schwimmweise, die eine erstaunliche Wendigkeit um die Hochachse einschließt, entspricht dem Leben in langsam strömenden oder stehenden Gewässern mit vielen Versteckmöglichkeiten. Bei Gefahr suchen die Fische Schutz in der Deckung stärkerer Äste, drücken sich an Steinflächen und in Spalten zwischen den Felstrümmern.

Eigene Versuche, die Fische zwischen den Steinen herauszuholen, waren wenig erfolgreich. Die vertikal betonte Streifenzeichnung erweist in dieser Umgebung ebenfalls ihre ausgezeichnete Tarnwirkung.

Konvergente Anpassungen brachten auch in anderen Fischgruppen, die solche Biotope bewohnen, scheibenförmige Arten hervor. Wer geneigt ist, Salmler mit den munteren kleinen Schwarmfischen des Neontyps gleichzusetzen, wird kaum die hochrückigen, flachgebauten Fische der Gattungen *Myleus, Metynnis* und *Mylossoma* in ihrer Verwandtschaft erwarten.

Ausgeprägte Oberflächenfische weisen dagegen eine gerade Rückenlinie auf. Hechtlinge haben den flachen, geraden Rücken, wie z. B. die *Epiplatys*-Arten, die bizarr aussehenden Schmetterlingsfische (*Pantodon buchholzi*) oder auch die unverkennbaren Beilbauchfische.

Die kaum gewölbte Rückenlinie als Merkmal des Oberflächenfischs tritt im Erscheinungsbild
42/1, 2
der Beilbauchfische zurück hinter der extrem ausgebogenen Bauchlinie. Sie vor allem bestimmt den charakteristischen Körperumriß. Ein mächtig entwickeltes »Brustbein« bietet die erforderliche Ansatzfläche für die starke Brustmuskulatur, mit der die langen, schmalen Brustflossen in der Luft schwirrend bewegt werden können. In der Luft; denn die Beilbauchfische haben die Fähigkeit zum aktiven »Fliegen« hervorgebracht, als einzige Fische überhaupt und vermutlich in extremer Weiterentwicklung einer Fluchtanpassung.

Viele Fische springen auf der Flucht vor Feinden aus dem Wasser. Die Beilbäuche haben dieses Fluchtverhalten vervollkommnet. Der rettende Sprung aus dem Wasser mit anschließendem Schwirr»flug« – zum Teil furchen die Tiere dabei noch mit dem Bauchkiel die Wasseroberfläche, teilweise erheben sie sich aber tatsächlich einige Zentimeter über die Wasseroberfläche hinaus – bringt sie meterweit aus der Reichweite des Verfolgers.

Als »Flug«-Leistung gewiß bescheiden, aber als Ergebnis evolutionärer Anpassung ein beeindruckendes Resultat, auch im Vergleich zu den Leistungen der viel größeren »fliegenden Fische« des Meeres, die nur »Segelflieger« sind.

Anpassung an schnellfließende Gewässer ist nicht nur Fischen des freien Wassers dank strömungsgünstiger Form und einem kraftvollen Antriebsorgan gelungen. Auch der steinige Boden dieser Biotope bietet Fischen ökologische Nischen mit besonderen Bedingungen. In unserer heimischen Fauna beweist die Mühlkoppe oder Groppe (*Gottus gobio*), daß dieser Lebensraum von Fischen genutzt werden kann.

In den flachen, steinigen Bachbetten entwickelt sich bei starker Sonneneinstrahlung dichter Algenwuchs, in dem auch eine vielgestaltige Kleintierfauna Lebensmöglichkeiten findet.

Der Aufwuchs und seine reiche tierische Mikrowelt bietet in tropischen und subtropischen Gebieten vielen Welsarten die Nahrungsbasis. Diese Welse bewegen sich unmittelbar am Bodengrund, mäusehaft huschend, von Stein zu Stein, deren Deckung in der starken Strömung des Wassers nutzend. Ihr bauchseitig stark abgeflachter, sonst im Querschnitt rundlich-dreieckiger Körper schmiegt sich dem Boden an. Dazu kommt noch die Möglichkeit dieser Tiere, sich mit einem kräftig entwickelten Saugmaul an jeder glatten Unterlage festzuhalten und die von harten Stacheln gestützten Brust- und Bauchflossen in Spalten zu verklemmen. In Anpassung an die Lebensweise im strömenden Wasser ist die Schwimmblase häufig stark reduziert. Das angestrengte, ungeschickt wirkende Schwimmen im freien Wasser wird besonders auffällig, wenn diese Welse zum Luftschöpfen an die Wasseroberfläche aufsteigen müssen. Sie besitzen in der Regel eine akzessorische (zusätzliche) Darmatmung.

44/1 *Ancistrus*-Arten haben zu den genannten Möglichkeiten, sich im strömenden Wasser zu behaupten, noch einen Verspreizungsmechanismus entwickelt, mehrspitzige dornige Gebilde, die seitlich des Kopfes sitzen und aktiv aufgerichtet werden können.

In Fließgewässern Südamerikas finden sich auch die charakteristischen Formen der verwand-
48/2 ten Gattungen *Loricaria* und *Farlowella*. Der deutsche Name der Familie – Harnischwelse – ist dadurch begründet, daß die meisten Gattungen einen Knochenpanzer besitzen, der den ganzen Körper bedeckt. Vermutlich ist die Panzerung als eine Anpassung an die »rauhen« Bedingungen in den Strömungen steiniger Bäche ihrer Herkunftsbiotope zu deuten.

45/6, 8 *Loricaria*- und *Farlowella*-Arten verfügen ebenfalls über das unterständige Maul, das zu einem Saugapparat umgebildet ist und mit seinen vielen winzigen Raspelzähnen ein Abweiden von Aufwuchsalgen ermöglicht. Die Schwimmblase ist klein, in eine knöcherne Kapsel gehüllt, der Darm – der bevorzugten Pflanzennahrung entsprechend – lang und z. T. spiralig aufgerollt.

Der extrem langgestreckte Körper ist deutlich in zwei Abschnitte geteilt. Dem bauchseitig stark abgeplatteten, sonst rundlichen Vorderkörper schließt sich ein fadendünnes Hinterteil an, die große, zweizipflige Schwanzflosse ist häufig mit langen, fädigen Anhängseln geschmückt.

Ihren deutschen Namen Nadelwelse verdankt die Gattung *Farlowella* extrem gestreckten Formen.

Alle Harnischwelse sind dem Leben in schnellfließenden Gewässern – im Gebirge bis zur Höhe von 3 000 m – mit vielen Merkmalen des Körperbaus und der Lebensweise angepaßt. Es ist meines Erachtens kaum zu bezweifeln, daß die Besonderheiten des Biotops die charakteristische Merkmalsausprägung der Harnischwelse verursacht haben.

Schwerlich ist es als ernsthaftes Gegenargument zu werten, wenn gelegentlich darauf hingewiesen wird, daß Fische schnellströmender Gebirgsbäche auch in großen Flüssen und stehenden Gewässern gefunden werden und oft sogar zahlreicher und leichter zu fangen sind.

Die unfreiwillige Verdriftung von Fischen ist gerade in solchen Biotopen leicht vorstellbar; man braucht sich nur die Bedingungen der Regenzeithochwasser vergegenwärtigen. Da werden nicht nur Fische mitgerissen. Wenn der neue Lebensraum der Art zusagende Bedingungen bietet, findet die Selektion keinen Ansatzpunkt, der die Existenz und Ausbreitung von Populationen begrenzen könnte.

Die Ausstrahlung von Arten ist ein ganz normaler Vorgang und mit zahlreichen Beispielen aus der Tier- und Pflanzenwelt, mit »Wanderungen«, Migrationen, von Tier- und Pflanzenarten belegt. Das kann, auf die Dauer gesehen, zu erheblichen Änderungen im biologischen Gefüge führen. Die Einwanderer finden unter Umständen bessere Lebensbedingungen und verdrängen die angestammten (autochthonen) Arten. Durch den Menschen bewußt oder ungewollt herbeigeführte Verschleppung von Arten ist häufig mit verheerenden Folgen bezahlt worden. Eine Tier- oder Pflanzenart, in für sie günstige Lebensräume gebracht, antwortet auf die Milieuveränderung unter Umständen mit einer explosiven Vermehrungsrate.

Auch die Aquaristik ist bedauerlicherweise an Faunenverfälschungen beteiligt. In der Umgebung großer Zierfischvermehrungsbetriebe, z. B. in Singapur und Honkong, existieren heute in natürlichen Gewässern Arten, die aus Südamerika stammen, und afrikanische Cichliden finden auch in Flüssen und Seen Floridas gute Lebensbedingungen. Tilapien (*Oreochromis*) – auf deren Anpassungsfähigkeit selbst an extreme Bedingungen schon hingewiesen wurde – beweisen das auch dort, wo sie als Speisefische in afrikanischen, australischen oder philippinischen Seen und Flüssen, in Gewässern Papua-Neuguineas und Kalimantans ausgesetzt worden sind. Sie haben im neuen Lebensraum vielfach die ursprünglichen Arten ausgerottet.

Das Problem der Faunenverfälschung ist vielschichtig und kann in diesem Zusammenhang nur berührt werden. Auf keinen Fall aber sollten aus der natürlichen (oder künstlich, bewußt herbeigeführten) Verbreitung von Populationen und Arten in Biotope, die nicht ihre ursprünglichen sind, falsche Schlüsse gezogen werden. Argumente gegen die evolutionäre Entwicklung der Arten liefern diese Vorgänge nicht.

Welse sind vorwiegend bodenbewohnende dämmerungs- und nachtaktive Tiere. Deshalb herrscht bei ihnen auch die düstere, graubraune, dem dunklen Bodengrund angepaßte Färbung vor.

Die geringere farbliche Attraktivität der Welse ist ihrer aquaristischen Verbreitung nicht förderlich. Sie wird aber für manchen Liebhaber durch ihre oft ungewöhnlichen, von der Normalvorstellung Fisch abweichenden, gelegentlich auch monströs erscheinenden Formen aufgewogen.

48/3 Die Bratpfannenwelse (Unterfamilie Bunocephalinae) leben in ruhigen Gewässern mit weichem, aus abgestorbenen Pflanzenresten gebildeten Bodengrund. Tagsüber sind die Tiere mit ihrem breiten, flachen Kopf und dem ebenfalls breitgedrückten Vorderkörper auch im Aquarium kaum auszumachen. Sie verstecken sich am Boden, von dem sie sich in der Färbung nicht unterscheiden. Die langen Barteln helfen bei der nächtlichen Futtersuche. Ihre körnig strukturierte, nackte Haut ist ungepanzert, wie auch bei dem in ähnlichen Biotopen Südostasiens anzu-
48/1 treffenden Großmaulwels (*Chaca chaca*). Hervorragend getarnt, liegt er regungslos wie ein Stück totes Holz. Nur die kurzen Barteln am Maul bewegen sich leicht und täuschen gründelnden kleinen Fischen eine Beute vor. Im gleichen Augenblick, in dem sie nach dem vermeintlichen Futtertier schnappen, öffnet sich das riesige Maul des Welses, und das überraschte Opfer wird eingesogen und verschlungen.

Die bemerkenswerte Form des Beutefangs ist erstaunlicherweise bei Fischen nicht einmalig. Eine ganze Gruppe von Tiefseefischen mit abenteuerlich anmutenden Körperformen hat nach dieser Art des Nahrungserwerbs den Namen Anglerfische erhalten.

Schutzanpassungen besonderer Art haben Kugelfische entwickelt. Die meisten Arten sind Meeresbewohner, einige leben im Brackwasser der Küstenzone, und nur wenige Arten sind im Süßwasseraquarium zu halten und zu vermehren. Ihre Anpassung besteht in der Fähigkeit, ihren ohnehin plumpen Körper durch das Einschlukken von Wasser in den dehnungsfähigen Magen
schnell aufzublähen. Offensichtlich ist der Über- 51/3
raschungseffekt für einen Räuber groß, er läßt von der anvisierten Beute ab.

Das Aufblähen funktioniert auch durch Aufnahme von Luft. Aus dem Wasser genommene Kugelfische demonstrieren das umgehend. Die gleiche Abschreckungsmethode verwenden auch Koffer- und Igelfische, die in großen Meeresaquarien gehalten werden. Igelfische wirken durch die beim Aufblähen sich aufrichtenden Stacheln noch monströser.

Leben im Wasser verlangt eine spezielle Ausbildung des Atmungssystems. Der für den Stoffwechsel der Organismen erforderliche Sauerstoff ist im Wasser gelöst enthalten, in unterschiedlicher Menge, abhängig von Temperatur, Druck und biochemischen Umsetzungsprozessen.

Das Funktionsmodell der Kiemenatmung haben die Fische von Vorfahren in anderen Tierstämmen übernommen und in Anpassung an ihre Lebensweise weiterentwickelt. Ihr Hauptorgan sind die Kiemen, reich durchblutete, vierfach bogenförmige Organstrukturen, die durch reiche Fältelung eine große wirksame Oberfläche aufweisen und dadurch den Gasaustausch ermöglichen. Den Wasserstrom, der den Kiemenblättern ständig frisches Wasser zuführt, erzeugen die Fische durch aktive Atembewegungen. Die Pumpbewegungen sind äußerlich gut am wechselseitigen Öffnen und Schließen des Mauls und der Kiemendeckel zu beobachten: ein energieintensiver Prozeß, der allein schon ein Drittel des dabei aufgenommenen Sauerstoffs verbraucht.

Organische Verunreinigung und hohe Temperaturen führen im Aquarienwasser schnell zu einem Absinken des Sauerstoffgehalts. Die Fische zeigen das durch erhöhte Atemfrequenz an. Im Extremfall hängen sie »nach Luft schnappend« an der Wasseroberfläche. Für den Wasserwechsel ist es dann höchste Zeit. Die übliche Belüftung über einen Ausströmer hilft nicht, sein Effekt beruht nur auf einer besseren Umwälzung des Wassers — womit allerdings der Gasaustausch an der Oberfläche des Wassers verbessert wird.

Gewässer mit schlechter Sauerstoffversorgung existieren auch in der Natur. In tropischen Breiten wird das Wasser durch die intensive Sonneneinstrahlung aufgeheizt und verliert an Sauerstoffbindungsvermögen.

Die Lungenfische, urtümlich anmutende Tiere, begegnen diesen Bedingungen durch eine andere zusätzliche Atmungsform. Sie besitzen Lungen, mit denen sie auch atmosphärischen Sauerstoff veratmen können. Das befähigt sie sogar, größere Strecken über Land zurückzulegen und das völlige Austrocknen ihres Lebensraums in selbstgegrabenen Schlammröhren zu überdauern, bis die Regenzeit wieder Wasser bringt. Ihr urtümliches Aussehen kommt nicht von ungefähr. Eigentlich sind die wenigen rezenten Arten nur Relikte einer früheren Blütezeit. Ihre reichste Entfaltung erlebten die Lungenfische schon vor 300 Millionen Jahren.

Teils durch Kiemen, teils mit einer Lunge atmen die Flösselhechte, die ebenfalls in Körperbau und Beschuppung viele primitive Züge erhalten haben.

Andere Formen der zusätzlichen (akzessorischen) Atmung finden sich bei den Welsgattungen *Corydoras, Callichthys* und *Hoplosternum.* Sie besitzen eine Darmatmung. Mit dem Maul nehmen die Fische Luft auf und verschlucken sie. Über den Enddarm entziehen sie der verschluckten Luft den Sauerstoff und scheiden den verbrauchten Rest über den After aus. Das Prinzip der Darmatmung ist aber keine »Erfindung« der Fische. Sie ist nicht selten bei Insekten. Libellenlarven zum Beispiel nehmen mit dem Enddarm Wasser auf, dem auf diesem Wege der notwendige Sauerstoff entnommen wird.

Manche der Fische mit akzessorischer Atmung können, wie schon beim Lungenfisch erwähnt, mehr oder weniger große Strecken über Land zurücklegen und so andere Gewässer erreichen, darunter Welse der Art *Callichthys callichthys,* der Amerikanische Kurzschwanzaal (*Synbranchus marmoratus*), der Schlangenkopffisch (*Channa micropeltes*), der Kletterfisch (*Anabas testudineus*). Voraussetzung ist immer eine hohe Luftfeuchtigkeit und feuchter Untergrund. Die Landgänge von Fischen mit akzessorischer Atmung erinnern daran, daß Tiere mit ähnlichen Voraussetzungen einmal in erdgeschichtlicher Vergangenheit den Weg zum Landleben überhaupt eröffneten ...

In Thailand konnte ich die Landwanderungen von *Anabas testudineus* und *Channa micropeltes* in Nächten nach kurzen heftigen Regenfällen beobachten. Ihre Bewegungen gleichen denen, die sie auch zur Fortbewegung unter Wasser ausführen. Die Kletterfische nutzen dabei noch die harten Strahlen ihrer Bauchflossen und der gespreizten Kiemendeckel — eine merkwürdig anmutende »Gangart«.

Andere Formen der akzessorischen Atmung sind wenig bekannt. Auch die Schwimmblase, der Magen und die Haut können, entsprechend strukturiert, Atmungsfunktion übernehmen — beim Schmetterlingsfisch (*Pantodon buchholzi*) z. B. ist die Schwimmblase beteiligt.

Häufiger aber als solchen relativ seltenen Aquariengästen begegnen wir Labyrinthfischen. Sie nehmen an der Wasseroberfläche Luft auf, die im Labyrinth — einem speziellen windungsreichen Organ in der Kiemenregion — eine Zeitlang gespeichert werden kann. Nachdem ihr der Sauerstoff entzogen ist, muß die Restluft ausgestoßen werden und der Fisch zum Atmen wieder an die Wasseroberfläche. Hindert man Labyrinthfische daran, müssen sie ertrinken. Die Kiemenatmung reicht allein nicht aus.

Die Entwicklung akzessorischer Atmungsformen bei Fischen erklärt sich immer aus der (dauernden oder gelegentlichen) Sauerstoffarmut ihrer Heimatgewässer. Das bedeutet aber keineswegs, daß man diese Bedingungen im Aquarium nachahmen müßte. Sauerstoffreiches Frischwasser ist auch zum Beispiel für Labyrinthfische nicht nur nicht schädlich, sondern begünstigt ihre Lebenserwartung.

Fische bewegen sich vorwärts mit Hilfe ihrer Flossen. Eine Binsenwahrheit, die ein Blick in ein beliebiges Aquarium bestätigt. Genauere Beobachtung belehrt jedoch schnell darüber, daß die Flossen in ganz unterschiedlicher Weise eingesetzt werden und dementsprechend unterschiedliche Schwimmformen auftreten. Beobachtungen von selten gepflegten »ausgefallenen« Fischarten verstärken noch diesen Eindruck.

Die meisten Fische gewinnen den Vortrieb durch den aktiven Schwanzflossenschlag, durch die gut abgestimmten seitlichen Bewegungen des Schwanzstiels und der Schwanzflosse. Die Amplitude dieser Bewegung – die maximale seitliche Auslenkung der Schwanzflosse nach beiden Richtungen – und die artspezifische Schlagfrequenz bestimmen die Geschwindigkeit der Vorwärtsbewegung. Ein kräftig entwickelter Antriebsapparat in Verbindung mit der strömungsgünstigen spindelförmigen Körperform erlauben hohe Geschwindigkeiten und erstaunliche Ausdauerleistungen. Große Meeresfische – Bonitos und Thune – erreichen Spitzengeschwindigkeiten bis zu 80 km/h, und die 35 km/h unserer kleinen Bachforelle sind, relativ zur Körpergröße, keine geringere Leistung.

Die übrigen paaren und unpaaren Flossen dienen im wesentlichen der Steuerung der Vorwärtsbewegung, in geringerem Maße der langsamen Ortsveränderung. Am häufigsten werden dazu die Brustflossen eingesetzt, mit wechselseitig paddelnden Bewegungen. Gleichzeitig-gleichsinnige sind selten nur bei kurzem ruckartigen Vorwärts- und Rückwärtsschwimmen zu beobachten.

Eine Verstärkung der Vortriebskraft erzielen Fische vom Stoßräubertyp – wie ihn unser einheimischer Hecht (*Esox lucius*), und im Aquarium in verkleinerter Form Hechtlinge, z. B. die *Epiplatys*-Arten, verkörpern – aus der Stellung der relativ kleinen Rücken- und Afterflosse. Sie sind so weit nach hinten an die Schwanzflosse herangerückt, daß sie, gleichsinnig mit ihr bewegt, die Antriebsfläche und -wirkung des Schwanzflossenschlags beachtlich vergrößern. Das ermöglicht Fischen dieser Körperform den blitzschnellen Vorstoß aus dem Stand, mit dem sie ihre Beute überrumpeln. Sie sind keine ausdauernden Schwimmer, aber durch die besondere Ausbildung und Stellung der Flossen am Ende des langgestreckten Körpers erlangen sie Vorteile für Angriff und schnelle Flucht.

Kugelfische setzen ihre Flossen ganz anders 50/4
ein. Sie nutzen vor allem die Brustflossen zur Vorwärtsbewegung, die Schwanzflosse dient im Regelfall nur als Steuer. Lediglich bei kurzzeitig schnellem Schwimmen, bei hastiger Flucht oder zum Beutefang, tritt auch die Schwanzflosse in Aktion. Die Schwimmweise der Kugelfische wirkt vor allem deshalb so merkwürdig, weil der plumpe Körper scheinbar ohne Bewegung langsam durch das Wasser treibt – die schnell-vibrierenden Flossenschläge der durchsichtigen Brustflossen sind schon aus geringer Entfernung nicht zu erkennen. Eine weitere Möglichkeit zum Vortrieb gewinnen Kugelfische aus den gegenläufigen Bewegungen der Rücken- und Afterflosse.

Eine bemerkenswerte Art der Fortbewegung haben die Messerfische ausgebildet. Rücken- und Schwanzflossen fehlen völlig oder sind zu wirkungslosen Anhängseln reduziert. Dafür ist die vom Kopf bis zum Schwanzende überdimensio-
nal lange Afterflosse zum Antriebsorgan umfunk- 39/4, 5
tioniert. Der lange Flossensaum ist beständig in wellenförmiger Bewegung, auch wenn der Fisch am Ort verharrt. Die Wellen der Afterflosse laufen dann in ihrer vorderen Hälfte von vorn nach hinten, im hinteren Flossenteil ist die Laufrichtung umgekehrt: die Vortriebswirkung hebt sich durch die gegenläufigen Bewegungen auf. Für rasche Ortsveränderung nach vorwärts schaltet der

Messerfisch die Laufrichtung der Flossenwellen im hinteren Abschnitt um und erhöht ihre Frequenz. Ebensogut können die Tiere aber auch, ohne Körperwendung, nur durch einfache Umschaltung der Laufrichtung der Flossenwellen, nach hinten wegschwimmen. Eine elegante Lösung, die in dieser Perfektion von keiner anderen Fischart beherrscht wird.

Die wellenförmige Bewegung der Afterflosse, korrespondierend zu Schlängelbewegungen des Körpers und der Schwanzflosse, findet sich unter
55/7 anderem beim Indischen Glaswels (*Kryptopterus bicirrhis*).

Schlängelnde Bewegungen des ganzen Körpers zur Vorwärtsbewegung, wobei die kaum beweglichen schmalen Flossensäume lediglich eine Vergrößerung des Körperumrisses und der Seitenkräfte bewirken, sind von den Aalen und ihren Verwandten ausgebildet worden.

Der ästhetische Reiz, den die verschwenderische Fülle der unterschiedlichsten Farb- und Zeichnungsmuster der Fische dem Auge des Betrachters bietet, bestimmt wesentlich ihre Haltung als Zierfische im Aquarium. Ihre Schönheit wirkt anziehend.

Aber die Fische tragen ihre Farben nicht dem Menschen zuliebe. Auch die »phantasievollste« Färbung ist funktionell bedingt, entstanden in der Auseinandersetzung mit der Umwelt und in der Evolution der Arten durch Selektion den konkreten Lebensformen angepaßt. Sie beruht im wesentlichen auf der Wirkung von Farbpigmenten, die in spezialisierten, flach ausgebreiteten, verästelten Zellen, den sogenannten Chromatophoren, in der Lederhaut der Fische verteilt sind. Ihre Anordnung und Kombination bestimmt die artspezifische und individuelle Färbung. Nach der chemischen Natur oder der Farbe des Pigments unterscheidet man verschiedene Typen der Farbzellen. Melanophoren enthalten das dunkle bis schwarze Melanin, gelbe bis rote Farbstoffe (Flavine, Karotine) befinden sich in den Lipophoren, Xanthophoren oder Erythrophoren. Der Metallglanz der Fischfarben ergibt sich aus der unterschiedlichen Verteilung und Einlagerung von Guaninkristallen.

Neben ihrer primären Funktion, den Fischkörper vor schädigenden Wirkungen ultravioletter Strahlung zu schützen, ist die arttypische Ausprägung der Färbung vor allem als spezielle Form der Anpassung zu verstehen.

Viele Fische haben einen dunkleren Rücken und eine helle, oft silbrig-weiße Bauchseite. Die generelle Schutzfunktion dieser charakteristischen Hell-Dunkel-Verteilung ist offensichtlich. Die dunkle Rückenfärbung läßt den Körperumriß mit dem Gewässerboden verschmelzen. Von oben gesehen sind auch die farbigsten Fische kaum noch zu erkennen. Gegenüber Feinden, die aus der Tiefe des Gewässers kommen, erfüllt der helle Bauch die gleiche Aufgabe. Vor der durch Totalreflexion hellen Wasseroberfläche löst sich optisch die Kontur des Fischkörpers auf.

Die für Fische des freien Wassers und der Oberflächenzone fast allgemeingültige Regel der Hell-Dunkel-Verteilung wird von einem Fisch vorgeführt, der »verkehrtherum« schwimmt, mit dem Bauch nach oben.

Der Rückenschwimmende Kongowels (*Syn-* 52/1
odontus nigriventris) zeigt dementsprechend einen dunkleren Bauch.

Dunkelgraubraune, manchmal noch durch Fleckenzeichnung, Marmorierung oder Querstreifung optisch auflösende Färbung ist charakteristisch für Bodenfische. Zahlreiche Welse tragen eine solche düstere Farbe. Vom Standpunkt des menschlichen Betrachters wenig attraktiv, entspricht sie um so besser den natürlichen Schutzbedürfnissen der Tiere, die gut getarnt, ihren Feinden verborgen bleiben. Die Vorteile solcher Farb- und Zeichnungsmuster nutzen
auch bodenbewohnende Cichliden, wie z. B. 53/2, 4
Steatocranus casuarius und *Teleogramma brichardi* 53/3
oder der Gebänderte Bodensalmler (*Characidium* 92/3
fasciatum).

In Gewässern mit reichlichem Pflanzenwuchs, Röhricht und versunkenem Geäst leben häufig Fische mit auffallender Querstreifung, deren Tarnwirkung nur in dieser natürlichen Umgebung augenfällig wird. Viele Malawibuntbarsche und die markanten Fischgestalten des Skalars und des Diskus zeigen die Streifenzeichnung.

Unter dem Gesichtspunkt der optischen Auflösung der Fischgestalt ist auch die weitgehende Farblosigkeit der »gläsernen« Fische zu verstehen. Bemerkenswert ist, daß die Durchsichtigkeit und ihre Schutzfunktion als konvergente Entwicklung in ganz unterschiedlichen Verwandtschaftsgruppen auftritt, z. B. bei Barschen
55/5 (*Chanda ranga*), Bärblingen (*Rasbora trilineata*), Salmlern (*Hyphessobrycon bentosi*), Beilbauchfi-
55/7 schen (*Carnegiella myersi*) und Welsen (*Kryptopterus bicirrhis*).

Bei Schwarmfischen des Klarwassers läßt die Längsstreifung den Einzelfisch mit dem Schwarm optisch verschmelzen und erschwert dem Raubfisch die Zielorientierung. Auffällige Signalflekken oder -farben dienen dem Zusammenhalt und der wechselseitigen Orientierung im Schwarm. In beschatteten Urwaldbächen, den Heimatge-
54/3 wässern des Roten Neons (*Cheirodon axelrodi*) und des Neonsalmlers (*Paracheirodon innesi*), haben die leuchtend irisierenden Farbbänder eine schwarmbildende Funktion.

Fast alle Fische verändern im Laufe ihrer Individualentwicklung zum adulten Tier allmählich das Farb- und Zeichnungsmuster. In der Regel sind Jungfische noch unscheinbar, und erst mit der einsetzenden Geschlechtsreife lassen sie erkennen, was farblich in ihnen steckt.

Jungfische von Cichliden tragen häufig ein unauffälliges »Pfeffer und Salz«-Muster. Später, wenn sich die Jungfischschwärme, von den Eltern getrennt, in größeren Verbänden in pflanzenbestandenen Gebieten zusammenfinden, nehmen sie eine Querstreifung an. Erst die geschlechtsreifen Tiere erscheinen dann wieder im Laichgebiet in den arttypischen Farben, die in der Balz ihre stärkste Leuchtkraft entfalten. Mit zunehmendem Alter verlieren sich die auffallenden Farben und machen verwaschenen Tönungen Platz.

Besonders deutlich ist dieser allmähliche Farb-
135/5 wechsel beim Indianerzwergbuntbarsch (*Apistogramma cacatuoides*) zu beobachten. Er ist am schönsten gefärbt als halbwüchsiges, aber schon geschlechtsreifes Tier und wird dann immer unansehnlicher.

Viele Fische haben die Fähigkeit zum raschen Farbwechsel ausgebildet, die offensichtlich in verschiedenen funktionellen Beziehungen wirksam wird. Eine große Rolle spielt dabei die Anpassung an wechselnde Helligkeit der Umgebung. Eindrucksvoll demonstriert das z.B. der Blattfisch 135/4
(*Monocirrhus polyacanthus*). Grundsätzlich beruht der rasche Farbwechsel auf der nerval/hormonal gesteuerten Ausbreitung oder Zusammenziehung der Farbpigmente — vor allem des dunklen Melanins — in den verästelten Farbzellen.

Die nervale Steuerung der Farbänderung über den Gesichtssinn ist experimentell unter anderem an der Elritze (*Phoxinus phoxinus*) nachgewiesen worden. Der einfache Versuch kann leicht überprüft werden. Setzt man eine Elritze in einem Glasbehälter auf hellen Untergrund, nimmt sie in kurzer Zeit eine hellere Färbung an. Dunkler Untergrund bewirkt den gegenteiligen Effekt.

Geblendete Elritzen — man hatte ihnen im Experiment für eine Zeit die Augen verklebt — zeigten diese Anpassungsfähigkeit nicht mehr.

Erblindete Fische werden häufig heller, einseitig erblindete nur auf der Seite, auf der sie das Sehvermögen eingebüßt haben.

Sehr eindrucksvoll ist die Farbanpassungsfähigkeit bei Plattfischen zu beobachten. Eine Flunder übernimmt sogar das Streifen- oder Punktmuster des Untergrunds.

Farbänderungen signalisieren das Befinden der Fische. Schwache, kranke oder stark bedrängte Tiere zeigen ihren Zustand durch hellere oder dunklere Farben.

Bekannt ist z.B. die allgemeine Dunkelfärbung des kranken Diskus. Bei Auseinandersetzungen verblassen die Farben der unterlegenen Tiere, und Männchen nehmen mitunter die Weibchenfärbung an. Und umgekehrt erscheinen die Farben kräftiger und leuchtender bei einem dominierenden Männchen, sein Imponiergehabe wird farblich betont.

In diesen Umkreis gehören auch die Schlaffärbungen bei Fischen. Die Farben sind in der Regel blasser als während der Tagesaktivität, nicht selten durch andere Muster charakterisiert. Hell-
57 dunkle, verwaschene Streifenzeichnungen bewähren ihre Tarnwirkung im ungewissen Dämmerlicht. In den Pflanzenbeständen, in die sich die Fische zur Ruhe zurückgezogen haben, sind sie kaum noch zu erkennen.

Die bei nächtlichen Störungen stark reaktionsgehemmten Tiere genießen durch ihre Schlaffärbung Schutz.

Ausgeprägte Unterschiede zwischen Tag- und
57/4 Nachtfärbung finden sich bei Schlanksalmlern
57/6 der Gattung *Nannostomus* und Labyrinthfischen der Gattungen *Belontia* und *Sphaerichthys.*

Die schönsten Farben tragen die Fische – aus dem Blickwinkel des menschlichen Beobachters
126/2–4 – während der Paarungszeit. Die Prachtfärbung
127/7 balzender Fische vermittelt ihrem Pfleger Höhepunkte ästhetischen Genusses und lohnt ihm die Mühe der Pflege.

Aber die Fische sehen nicht mit menschlichen Augen. Für sie sind die »Hochzeitsfarben« nichts anderes als hormonell und über Außenreize nerval gesteuerte Elemente der innerartlichen und zwischengeschlechtlichen Kommunikation, Signale der Paarungsbereitschaft und Reize, die in Wechselwirkung mit anderen Faktoren genetisch fixierte Handlungsabläufe auslösen.

Die heterogene Auswahl »normaler« und »ungewöhnlicher« Anpassungsleistungen der Fische, die auf den vorangehenden Seiten dargestellt wurden, führt noch einmal zum Ausgangspunkt der Überlegungen zurück.

Die erstaunliche Mannigfaltigkeit der Arten, ihre differenzierte Angepaßtheit an unterschiedliche Lebensräume und Umweltbedingungen, entstand im Laufe von Jahrmillionen. Gestalt und Bewegungsformen der Fische, Bildung und Wirkungsweise ihrer Organstrukturen, die Ausprägung der Farb- und Zeichnungsmuster sind wie ihr Verhalten, das in den folgenden Abschnitten dieses Buches näher betrachtet wird, Ergebnis des Wechselspiels von zufälliger Variabilität und natürlicher Selektion. Mutationen, ungerichtete Veränderungen des Erbmaterials bilden die Basis der Variabilität. Die Umwelteignung eines zufällig entstandenen neuen Merkmals entscheidet darüber, ob es sich durchsetzen kann oder der Selektion zum Opfer fällt. Unter natürlichen Evolutionsbedingungen haben die unmerklichen, kleinen Veränderungen die größeren Chancen, nicht die großen mutagenen Sprünge. Vom »normalen«, das heißt: über lange Zeiträume einer gegebenen Umwelt angepaßtem Körperbau, Färbungsmuster oder Verhalten stark abweichende Varianten werden selten vorteilhaft sein.

In den künstlichen Lebensbedingungen des Aquariums – sie sind es immer, auch wenn noch so viele Mühe auf einen »natürlichen« Ausschnitt verwendet wird, es bleibt ein Ausschnitt mit wesentlichen Einschränkungen – liegen die Dinge anders. Im Aquarium treffen die zufälligen mutativen Veränderungen auf Umweltbedingungen, in denen sie erhalten, durch planmäßige Zuchtwahl verstärkt und stabilisiert werden können. Auch auffällige Veränderungen im Erscheinungsbild, die in der Natur unbarmherzig ausgemerzt würden, werden häufig als Bereicherung des Bestands begrüßt.

Albinotische Tiere sind in ihrem natürlichen Milieu in der Regel so benachteiligt, daß sie nur selten zur Fortpflanzung gelangen. Weißlinge treten auch in anderen Tierstämmen und selbst beim Menschen auf. Es handelt sich beim Albinismus um eine mutative Veränderung des Erbmaterials, die Pigmentlosigkeit hervorruft. Bei Fischen tritt diese Mißbildung nicht selten auf. Aber das Fehlen der Tarnfärbung, die von der Art als natürliche Schutzanpassung an eine bestimmte Umwelt herausgebildet worden ist, gefährdet die Albinos stark. Sie werden leichte Beute ihrer Freßfeinde.

Interessant ist in diesem Zusammenhang, daß bei Höhlentieren Pigmentlosigkeit relativ häufiger auftritt und sich unter Umständen sogar als Artmerkmal durchsetzen kann. In der Lichtlosigkeit ihres Lebensraums ist die Farbe überflüssig geworden. Träger dieser mutativen Veränderungen werden von der Fortpflanzung nicht ausgeschlossen. Möglicherweise sind unter diesen Bedingungen albinotische Tiere sogar durch den Wegfall der Farbbildungsstrukturen bevorteilt gegenüber den normalfarbigen Individuen der Population, so daß sich im Populationsgenom (dem Bestand an Erbmaterial in einer im Genaustausch stehenden Fortpflanzungsgemeinschaft) die mutierten Gene allmählich anreichern können.

Ein Beispiel für diese Vorgänge bieten die
43/6 Blinden Höhlensalmler (*Astyanax mexicanus*).

Auch andere auffällige mutative Farbänderungen, wie zum Beispiel der Xanthorismus (Goldfärbung) oder der Melanismus (Schwarzfärbung), bieten unter natürlichen Bedingungen kaum Vorteile. Die Selektion sorgt dafür, daß ungeeignete Merkmale wieder verschwinden.

Im Aquarium aber fällt der natürliche Selektionsdruck weg. Der Züchter hat es in der Hand, das als Bereicherung betrachtete Merkmal zu erhalten und durch entsprechende Kreuzungen erbfest zu machen. Albinotische Zuchtstämme sind ebenso wie xanthoristische Farbschläge und
33 schwarze oder schwarzmarmorierte Formen in der Aquaristik bekannt und geschätzt.

58/1–3 Mutativ bedingte Langflossigkeit ist ebenfalls nur unter Aquarienbedingungen zu erhalten. Fi-
60/1–3 sche mit extrem vergrößerten Flossen, wie die Zuchtformen des Guppy, schleierschwänzige Goldfische, Schleierkampffische, Schleierskalare, Schleierdanio und viele andere Arten, sind gegenüber normalflossigen Artgenossen eindeutig schwimmbehindert. Sie hätten in natürlichen Biotopen kaum Überlebenschancen.

Schleierformen stehen aber in der Gunst der Aquarianer hoch, und von vielen werden sie gegenüber der Stammform gerade wegen ihrer »unnatürlichen« Flossenverlängerungen bevorzugt.

Der ästhetische Reiz der neuen Formen und Farbmuster ist nicht zu bestreiten, auch wenn Liebhaber der »Naturform« das erbittert zurückweisen. Sicher kommen dabei auch Fragen des individuellen Geschmacks ins Spiel, und über Geschmack soll man nicht streiten. Mir scheint aber, daß nicht wenig vom Spaß an der Aquaristik in der Möglichkeit liegt, bewußt und schöpferisch in natürliche Vorgänge einzugreifen und – diese naturgegebenen Voraussetzungen nutzend – Neues zu schaffen. Es ist fraglos verdienstvoll, sich um die Erhaltung der Stammform des Kampffisches (*Betta splendens*) im Aquarium zu bemühen. Aber darf deshalb die Arbeit der Züchter gering geschätzt werden, die aus der Aus-
gangsform so wunderschöne Farb- und Formva- 59/4
rianten herausgezüchtet haben?

Beide Richtungen haben in der Aquaristik ihren Platz. Manche interessante Fischart kommt in der Natur nur in kleinen Populationen vor. Ihr Bestand ist gefährdet, nicht selten durch Veränderungen der natürlichen Biotope, die auf Eingriffe des Menschen zurückzuführen sind. Dieser Prozeß ist wohl unaufhaltsam und im Gange, seit der Mensch die Natur nach seinen Bedürfnissen umgestaltet. Das in der Natur Vorhandene zu erhalten und – wenn andere Schutzbemühungen nicht durchgreifen – wenigstens eine Aquarienpopulation zu schaffen, ist zweifellos eine wichtige Aufgabe der Aquaristik, die Einsatz und Aufwand lohnt.

Aber ebenso berechtigt ist das züchterische Bemühen, neue Farb- und Formvarianten von Aquarienfischen herauszuarbeiten. Das wachsende Interesse an diesem Zweig der Aquaristik ist meines Erachtens nur zu begrüßen, und ich glaube, daß darin eine zukunftsträchtige Entwicklungsmöglichkeit liegt.

Die Farb- und Formenzucht gegenüber der Haltung und Pflege der Naturformen abzuwerten, ist unbegründet. Konsequenterweise müßte man dann dem Pudelliebhaber empfehlen, Wildhunde zu halten. Jedes Tier in Menschenhand unterliegt Veränderungen, und seit der Mensch begann, Tiere zu domestizieren, gibt es züchterische Bemühungen, sie seinen Bedürfnissen entsprechend zu verändern. Warum sollte die Aquaristik eine Ausnahme sein?

Der Guppy (*Poecilia reticulata*) verfügt schon in seinem ausgedehnten natürlichen Biotop über

eine große Variabilität der Farb- und Zeich-
62/1–3 nungsmuster. Zuchtformen bestimmen heute sein
63/4–9 Erscheinungsbild in den Aquarien absolut.

Platys (*Xiphophorus maculatus*) und Schwertträger (*Xiphophorus helleri*) stehen dem Guppy in dieser Hinsicht nicht nach. Auch bei diesen Arten sind durch planmäßige Zucht ungewöhnlich attraktive Formen entwickelt worden, die ihren Reiz gegenüber den relativ unscheinbaren Ausgangsarten ausmachen.

Unter den Cichliden sind es besonders die Skalare (*Pterophyllum scalare*), bei denen mutative Veränderungen der Farbmuster und Flossenformen durch gezielte züchterische Bearbeitung eine erstaunliche Vielfalt erreicht haben.

Vielleicht muß an dieser Stelle noch einmal an den Unterschied zwischen natürlicher Selektion und bewußter Zuchtwahl durch den Menschen erinnert werden.

61/5 Ob z. B. eine schöne Farbmutante des Zwergfadenfischs (*Colisa lalia*), der sog. Rote Zwergfadenfisch, die allem Anschein nach in einer Zierfischzüchterei in Südostasien aufgetreten ist, auch unter natürlichen Biotopbedingungen existieren könnte, ist schwerlich zu entscheiden. Der Fisch müßte eine ökologische Nische finden, in der die ihm fehlende Streifenzeichnung nicht in Widerspruch zu angeborenen Verhaltensweisen gerät und ihm keine Nachteile bringt gegenüber den angepaßten normalfarbigen Artgenossen. Hypothetische Überlegungen, die nur einen Faktor des vielfältig verflochtenen Beziehungsgefüges der Umweltanpassung berühren und ohne schlüssige Antwort bleiben müssen ...

Im Aquarienmilieu aber ist die Mutation nicht dem natürlichen Selektionsdruck ausgesetzt und kann durch gezielte Zucht stabilisiert werden. Ihre ästhetische Bewertung bleibt eine Sache des subjektiven Geschmacks. Was dem einen gefällt, muß dem anderen nicht zusagen. Das wird auch in Zukunft so sein, wenn die Zucht von Farb- und Formspielarten weiter zunimmt.

Fische untereinander – Verständigung und Sozialstrukturen

Jede Form des Zusammenlebens setzt Kommunikation voraus. Die Verständigung der Fische untereinander nutzt alle Sinnesorgane. In Abhängigkeit von der konkreten Lebensweise sind Verständigungsmöglichkeiten unterschiedlich entwickelt und überraschen nicht selten durch ihre erstaunliche Anpassung und Leistungsfähigkeit.

Gut entwickelt sind bei den meisten Fischen die Augen, die in ihrem Bauprinzip dem aller Wirbeltiere entsprechen. Sie nehmen Bewegungen wahr und sprechen auf Form und Farbe an. Das ist nicht nur durch eindrucksvolle Experimente – Attrappenversuche – von der Verhaltensforschung bewiesen. Jede Aquarienbeobachtung bestätigt das überzeugend. Die optische Kommunikation spielt deshalb für ihr Verhalten eine wesentliche Rolle.

Die Fische reagieren auf Erscheinungen und Bewegungen außerhalb des Beckens. Schon bei der Annäherung des Pflegers, der mit der Futterdose kommt, stellen sich viele Fische mit Blickrichtung zur Futterstelle auf (– was im übrigen auch ein interessanter Beweis für Gedächtnisleistung und Lernfähigkeit ist!).

Die Färbung der Fische, die bei vielen Arten ausgeprägte Fähigkeit zum Farbwechsel, die farbigen Hochzeitskleider während der Balz und Paarung oder die charakteristische Brutpflegefärbung mancher Arten erhalten ihren biologischen Sinn als optische Signale, die wahrgenommen werden können.

Diese Signale lösen, vielfach verschränkt mit anderen Reizen, bestimmte Verhaltensweisen aus.

Ein Jungfischschwarm von *Apistogramma agassizii* reagiert auf die charakteristische zitronen- 204/2
gelbe Brutpflegefärbung des pflegenden Weibchens und die durch Flossenzucken und Schwimmweise gesetzten Reize. Die Jungfische verstecken sich am Boden, bis die ihnen vor allem optisch signalisierte Gefahr vorüber ist. Die Balzfärbung rivalisierender Männchen wird über das Auge wahrgenommen wie die Farbänderung, mit der Weibchen ihre Laichbereitschaft erkennen lassen.

So wird beispielsweise das Makropodenweibchen vor dem Laichen ganz hell, bei den *Apistogramma*-Arten zeigt sich schon die gelbe Brutpflegefärbung der Weibchen, die optische Signalwirkung des laichgeschwollenen Bauches ist bei vielen Fischarten offensichtlich. Dabei ist allerdings nicht auszuschließen, daß gleichzeitig andere Kommunikationsformen auftreten und der über das Auge wahrgenommene Reiz in einer Kombination mit anderen wirkt. Bei vielen maulbrütenden Cichliden haben die »Eiflecken« in der Afterflosse augenscheinlich eine optische Kommunikationsfunktion.

In klassischen Versuchen mit dem einheimischen Dreistachligen Stichling (*Gasterosteus aculeatus*), der auch als Aquarienfisch im Kaltwasseraquarium sein interessantes Fortpflanzungsverhalten entwickelt, ist die Wirkung optischer Reize überzeugend erwiesen worden. Das Männchen reagiert in der Laichzeit, wenn es aus Pflanzenfasern sein Nest gebaut und ein Brutrevier besetzt hat, auf den laichvollen, deutlich abgesetzten Bauch des Weibchens. Es balzt auch eine Fischattrappe an, wenn dieses Signal gegeben ist.

Die Aggression gegenüber männlichen Rivalen wird ausgelöst durch den rotgefärbten Bauch, den die Männchen nur während der Fortpflanzungsphase haben. Mit einer Attrappe – selbst wenn sie sonst wenig Ähnlichkeit mit einem Fisch hat, aber den roten Fleck an der Unterseite besitzt – kann aggressives Revierverteidigungsverhalten sofort hervorgerufen werden. Männchen ohne dieses Zeichen werden, wie auch Attrappen ohne das Farbsignal, entschieden weniger attakkiert.

Für Stichlingsweibchen ist das leuchtende Auge des Männchens ein wichtiger Reiz, der ein bestimmtes Verhalten auslöst. Wenn sich im Verlauf der Balz das Männchen (oder auch eine entsprechend präparierte Attrappe) mit seinem leuchtenden Auge in Richtung Nesteingang stellt, schwimmt das Weibchen vor diesem Auge in das Nest hinein.

Optische Signale spielen auch im Schwarmverhalten von Fischen eine Rolle. So sind die Leuchtfarben des Neon (*Paracheirodon innesi*) und des
54/3 Roten Neon (*Cheirodon axelrodi*) in den beschatteten Urwaldbächen ein optisches Signal, das die Schwarmbildung fördert. Im gleichen Sinne sind bestimmte charakteristische Flossenzeichnungen bei Schwarmfischen zu deuten, wie etwa der punktförmige schwarze Fleck in der Rückenflosse des Sternflecksalmlers (*Pristella maxillaris*).

Ebenso ist die bei vielen Schwarmfischen ausgeprägte Längsstreifung als optisches Signal wichtig. Sie läßt die Fische im Schwarm miteinander verschmelzen. Bei Gefahr dicht zusammengedrängt, erscheinen sie für einen Raubfisch als ein Objekt, das für den Zugriff zu groß ist. Die optische Schutzwirkung von Tarnfärbungen gehört auch in diesen Zusammenhang.

Bewegungsreize werden von Fischen aber nicht nur optisch wahrgenommen. Die meisten Arten verfügen dazu sogar über ein spezielles Sinnesorgan. Es ist in der Regel auf beiden Körperseiten lokalisiert. Auf Druckwellen hochempfindlich reagierende Sinneszellen, die unter den fein durchbohrten Schuppen längs der Körpermittellinie angeordnet sind, registrieren geringste Bewegungen im Wasser.

In den Kommentkämpfen rivalisierender Männchen spielen diese Seitenlinienorgane offensichtlich eine wichtige Rolle. Die durch Schwanzschläge erzeugte Wasserbewegung trifft auf den Körper des Gegners, ihre Stärke wird als Ausdruck der Kampfkraft präzise wahrgenommen und löst bei Unterlegenheit die Fluchtreaktion aus. Der Effekt der Schwanzschläge ist um so größer, je mehr die empfindlichen Sinneszellen des Seitenlinienorgans gereizt werden. Deshalb ist das Schwanzschlagen in der Antiparallelstellung augenscheinlich wirkungsvoller (vgl. dazu Kämpfe der Fische S. 97 ff.).

Die Seitenlinienorgane ermöglichen erstaunliche Orientierungsleistungen der Fische. Blinde Fische können mit ihnen weitgehend die Funktion der Augen ersetzen. Der Blinde Höhlensalmler (*Astyanax mexicanus*) registriert damit Hindernisse und umschwimmt sie sicher. Er nimmt Bewegungen von Futtertieren wahr und kann Richtung und Entfernung eines beweglichen Objekts erfassen. Auch für das Finden des Geschlechtspartners und die für die Paarung erforderliche Bewegungssynchronisation ist – sicher in Verbindung mit anderen Reizen – bei diesen Fischen die Kommunikation über das sensible Seitenlinienorgan wahrscheinlich.

Die erstaunliche Ortungsleistung der modifizierten Seitenlinienorgane beim Streifenhechtling (*Aplocheilus lineatus*) wird in anderem Zusammenhang (S. 74) erwähnt.

Bei Schwarmfischen sind die Seitenlinienorgane in der Regel gut entwickelt. Mit ihrer Hilfe nehmen die Fische den Abstand untereinander wahr und sichern dadurch im Schwarmverband die erforderliche Mindestdistanz.

Direkte Berührungsreize (taktile Reize) üben bei Fischen eine Kommunikationsfunktion aus. Körperliche Berührungen sind vor allem in der Fortpflanzungszeit häufig zu beobachten. Sie bauen die natürliche Kontaktscheu ab und helfen mit, die für die Paarung erforderliche Körpernähe zu sichern. Häufig aber sind Körperberührungen der unmittelbare Reiz, der eine bestimmte Reaktion im Handlungsablauf hervorruft.

Bei vielen Labyrinthfischarten z.B. wird die typische Umschlingung beim Laichakt durch einen taktilen Reiz ausgelöst. Das Weibchen schwimmt an den paarungsbereiten Partner heran, der ihm, seitlich verkippt und leicht verkrümmt, den Bauch weist, und streift beim Einschwimmen in die Krümmung die Körperseite des Männchens.

Man kann bei einem paarungsstimulierten
61/4 Zwergfadenfisch-Männchen (*Colisa lalia*) die Umschlingung experimentell auslösen. Es genügt eine leichte streifende Berührung der Körperseite mit einem Glasstab, um die reflektorische Antwort hervorzurufen.

177/4 Bei Panzerwelsen (*Corydoras*-Arten) betastet das Weibchen mit seinen Barteln den Bauch des Männchens, das daraufhin seine Brustflossen anlegt. Dabei werden die Barteln des Weibchens eingeklemmt. Ihre Befreiungsbewegungen, bei denen wieder der Bauch des Männchens taktile Reize empfängt, stimulieren vermutlich die Spermaabgabe.

Taktile Reize begleiten bei Salmlern das Balzverhalten. Beim »Treiben«, wobei die Männchen dicht neben, unter oder über dem Weibchen schwimmen, berühren sie immer wieder in arttypischer Weise mit dem Maul bestimmte Körperpartien der Laichpartnerin. Dieses Stupsen wie auch das enge, teilweise mit direktem Körperkontakt verbundene Schwimmen stimmen das Paar auf die folgende Paarung ein, die in Sekundenbruchteilen abläuft. Selbst die Kamera hält diese
157 letzte Bewegungsphase bei 1/500 s Belichtungs-
158/1 zeit nur mit Unschärfen fest.

Solche rasant verlaufenden Paarungsphasen setzen den unmittelbaren Körperkontakt voraus. Vorbereitende taktile Reize sichern die notwendige Kommunikation zwischen den Tieren, Berührungsreize steuern auch die zeitliche Übereinstimmung der Abgabe von Laich und Spermien.

Bei Barben, deren Paarungsakt ebenfalls sehr schnell verläuft, steuern Berührungsreize die Eiabgabe. Das Männchen legt dazu den Schwanzstiel über den Rücken des Weibchens.

Das Weibchen maulbrütender Cichliden berührt die dargebotene Afterflosse oder den Genitalbereich des Männchens mit dem Maul und stimuliert dadurch die Abgabe des Spermas. Das Beispiel belegt aber auch die Verschränkung verschiedener Reize, die gleichzeitig oder nacheinander Glieder der Reiz-Reaktions-Kette des Verhaltens sind.

Sog. Eiflecken, die diese Maulbrüter-Arten häufig auf der Afterflosse tragen, wirken als Mittel der optischen Kommunikation. Sie täuschen dem Weibchen Eier vor. Bei dem Versuch, die vermeintlichen Eier ins Maul aufzunehmen, berührt es die Afterflosse des Männchen, das daraufhin den Samen abgibt. Mit dem Atemwasser gelangt er ins Maul des Weibchens und befruchtet dort die aufgesammelten Eier.

Da es auch Maulbrüter ohne Eiflecken auf der Afterflosse gibt und der Laichvorgang trotzdem diesem Muster folgt, ist eine optische Stimulierung in der angegebenen Weise nicht absolut sicher. Ich habe auch wiederholt beobachten können, daß die Besamung schon erfolgte, bevor das Weibchen die Eier aufnehmen konnte.

Andererseits gibt es aber auch Beispiele, die optische Reize wahrscheinlich machen. Die Männchen von *Oreochromis rukwaensis* und *Oreochromis macrochir* zeigen während der Laichzeit eine Genitalpapille mit fädigen Anhängseln, an denen sich knötchenförmige Verdickungen befinden. Sie werden während der Balz vom Weibchen berührt. Auf diesen Reiz erfolgt die Abgabe der Spermien, die bei *Oreochromis macrochir* deutlich erkennbar in Form längerer Fäden ausgestoßen und vom Weibchen aufgenommen werden.

Taktile Kommunikation wird teilweise auch durch die spezielle Struktur und Anordnung berührungsempfindlicher Sinneszellen gesichert.

Bei den Männchen der Eierlegenden Zahnkarpfen *Cynolebias whitei* befinden sich solche Zellen auf der vorderen Hälfte der Brustflossen. Die Paarung vollzieht sich im weichen Bodengrund. (Bei der Zucht bietet man den Tieren gewöhnlich eine Schicht ausgekochter Torffasern an).

Wenn das Männchen sich bereits mit dem
163/7 Kopf in den Grund einbohrt, schiebt sich das Weibchen an seine Seite und gleitet langsam nach vorn. In dem Moment, da es mit dem Maul die vordere Hälfte der Brustflossen des Männchens berührt, dringt das Paar gemeinsam in den Grund und laicht dort ab.

163/6, 8 In der Zahnkarpfen-Gattung *Nothobranchius* ist der Körperkontakt noch enger. Die Männchen
164/1 drücken sich mit dem Hinterkörper an ein laichbereites Weibchen heran und umschlingen mit Rücken- und Afterflosse die Laichpartnerin. In dieser Position, die Vorderkörper leicht auseinander gebogen, die Hinterkörper mit den Genitalbereichen in direkter Verbindung, löst der taktile Reiz der Umschlingung mit den Flossen die gleichzeitige Abgabe der Geschlechtsprodukte aus.

Die optische Kommunikation der Fische kann relativ leicht direkt verfolgt werden. Die auslösenden Reize von Farb- und Formsignalen und die Reaktionen darauf sind sichtbar. Ebenso ist die Wirkungsweise der taktilen Verständigung zu überschauen.

Andere Arten der Kommunikation sind dagegen viel schwerer und im allgemeinen nur durch sorgfältige wissenschaftliche Untersuchungen nachzuweisen. Sie sind deshalb auch nicht sehr bekannt.

Eine größere Rolle als gemeinhin angenommen wird, spielt offenbar die chemische Verständigung. Fische verfügen über hochentwikkelte Sinnesorgane für Geruchs- und Geschmacksreize. Die Geruchsrezeptoren befinden sich meist am Grunde der paarig angeordneten Nasenöffnungen. Ihre Leistungsfähigkeit ist teilweise fast unvorstellbar groß. Sie nehmen Geruchsstoffe noch in extremer Verdünnung war.

Ebenso ist der Geschmackssinn der Fische, artverschieden, zu erstaunlichen Leistungen fähig. Seine Rezeptoren sind in der Regel im Maul der Fische konzentriert, aber es gibt auch zahlreiche Sonderstrukturen. Vielfach sind die Barteln am Maul mit Geschmacksknospen ausgestattet. Die fädigen Bauchflossenverlängerungen der Fadenfische tragen an ihren Enden Sinneszellen, die z. B. für das Erkennen des Geschlechtspartners Bedeutung haben können.

Vieles im Bereich der geruchlichen und geschmacklichen Kommunikation ist noch rätselhaft, aber manche unerklärliche Erscheinung im Verhalten der Fische konnte bereits mit der Leistungsfähigkeit ihrer Geruchs- und Geschmackssinnesorgane begründet werden.

Ein Beispiel liefern die jährlichen Laichwanderungen der Lachse. Durch Markierungsversuche ist bekannt, daß die Lachse, die ihre meiste Lebenszeit im Meer verbringen, zum Laichen immer wieder die gleichen Stellen in den Fließgewässern aufsuchen, an denen sie aus dem Ei geschlüpft sind. Interessante Versuche haben bewiesen, daß für ihre ungewöhnliche Orientierungsleistung neben möglichen anderen Faktoren die Geruchswahrnehmung entscheidend ist.

Man setzte künstlich erbrütete Lachse in einem Gewässer aus, das mit geringen Mengen chemischer Substanzen präpariert worden war. In ihm verbrachten die Junglachse die ersten Wochen ihres Lebens. Nach ihrer Abwanderung ins Meer laichreif geworden, kehrten sie mit unfehlbarer Sicherheit in dieses Gewässer zurück. Sie erkennen die ihnen im Versuch zugewiesene Heimat am Geruch. Sie folgen auf ihrem Weg den Duftspuren, die – in unvorstellbarer Verdünnung – vom fließenden Wasser ins Meer getragen werden und laichen an der Stelle ihrer höchsten Konzentration, dem als Heimat akzeptierten Ausgangspunkt des Experiments.

In der Haut vieler Schwarmfische wird ein sog. Schreckstoff vermutet, der bei Verletzungen freigesetzt wird. Bei Salmlern und Cypriniden konnte seine Existenz durch Verhaltensbeobachtungen erwiesen werden.

1 Manaus ist einer der großen Umschlagplätze für Zierfische, die von hier in alle Welt gehen. Die Hütten in den Vororten stehen auf Pfählen, weil die Wasser des Rio Negro während der Regenzeit um 15 m steigen können

2 In den Becken werden Millionen Roter Neons (*Cheirodon axelrodi*) bis zum Versand zwischengehältert

3 In klimatisch begünstigten Gebieten ist Zierfischzucht in Freianlagen möglich. Hier wird in einer der großen Fischfarmen Floridas ein Teich mit Roten Platys (*Xiphophorus maculatus*) abgefischt

4 Das Fangergebnis kann sich sehen lassen. Damit es beim Transport keine Verluste gibt, wird dem Wasser ein Schlafmittel zugesetzt. In Sortierbecken mit Frischwasser »erwachen« die Fische wieder

5 Der Zusammenfluß des schwarzwasserführenden Rio Negro mit dem Amazonas südlich von Manaus. Die weiße Farbe des Amazonas entsteht durch die großen Mengen feiner Schwebstoffe – verwittertes Bodenmaterial der Anden –, die vom Fluß über Tausende Kilometer bis zum Atlantik transportiert werden

Vorstehende Seite: Ein prächtiges Exemplar von *Pterophyllum scalare* – die Marmorskalar genannte Zuchtform

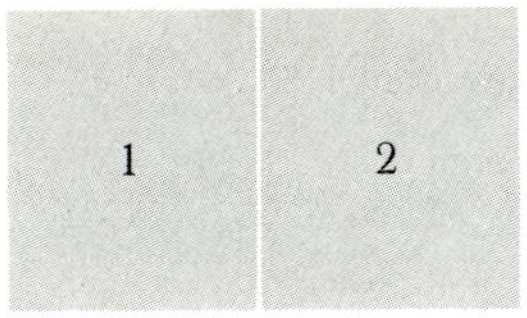

1 Uferlandschaft am Rio Abacaxis/Brasilien – Fanggebiet vieler Salmler, Piranhas und Diskus

2 Ein Biotop in der Umgebung von Cairns/Australien, das Ährenfischarten, z.B. *Melanotaenia splendida* und *Pseudomugil signifer*, beherbergt

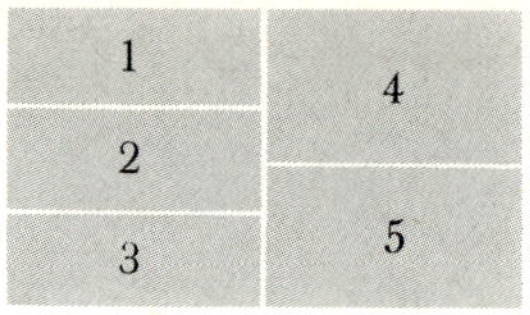

1 *Distichodus sexfasciatus* gehört zu den größeren Salmlern mit typischem spindelförmigem Körper

2 *Cheirodon axelrodi*, der Rote Neon, stammt aus extrem weichen, sauren (pH-Wert etwa 4,5) Urwaldgewässern. Seine leuchtenden Farben sind charakteristisch für Schwarmfische schattiger Gewässer

3 Die pfeilförmige Gestalt, bei der die weit nach hinten gerückte Rücken- und Afterflosse zusammen mit der Schwanzflosse ein kräftiges Antriebsorgan bilden, ist eine Anpassung an die räuberische Lebensweise solcher Fische. Aus dem Stand stoßen sie aus gedeckter Lauerstellung blitzschnell auf ihre Beute (*Xenentodon cancila*)

4 Dichtbewachsenen Gewässern sind Messerfische mit ihrem langgestreckten und seitlich abgeflachten Körper und ihrer besonderen Schwimmweise gut angepaßt. *Notopterus chitala* ist in Südostasien weit verbreitet

5 Der Weißstirnmesserfisch (*Apteronotus albifrons*) ist in dichten Pflanzenbeständen der Regenwaldgewässer des Amazonas-Gebietes beheimatet

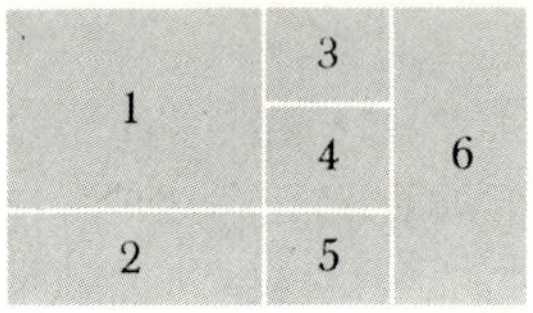

1 Typisches *Botia*-Biotop in Thailand – ein Urwaldfluß mit schlammigem Bodengrund

2 *Botia lohachata* – in Gestalt und Lebensweise ein charakteristischer Fisch dieses Biotops

3 Diskus- und Skalar-Biotop am Rio Abacaxis/Brasilien

4 Diskusfische ziehen sich bei Gefahr zwischen versunkenes Geäst zurück oder drücken sich dicht an senkrechte Steinflächen

5 Während der Trockenzeit werden die zahlreichen Versteckmöglichkeiten dieser Gewässer für hochgebaute, scheibenförmige Fische beeindrukkend deutlich

6 Skalare sind als extrem hochgebaute Art hervorragend an dieses Biotop angepaßt. Ihre Wendigkeit um die Hochachse ermöglicht ihnen, den natürlichen Schutz des Ästewirrwarrs zu nutzen

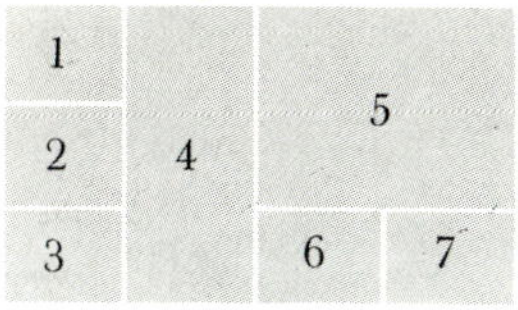

1 Beilbauchfische, hier *Carnegiella strigata*, sind in der Lage, größere Strecken im aktiven Schwirrflug dicht über der Wasseroberfläche zurückzulegen

2 Vorderansicht von *Gasteropelecus steericla* und *Carnegiella strigata*

3 Diskussalmler (*Poptella orbicularis*) leben in den Schilfgürteln der Gewässer Kolumbiens und Guayanas

4 Scheibensalmler tragen ihren Namen zu Recht – solche scheibenförmigen Fische finden in den dichten Pflanzenbeständen und im Röhricht der Uferzone den geeigneten Lebensraum

5 Eine eigenartige Anpassungsform an ihre spezielle Lebensweise zeigen die Vieraugen (*Anableps anableps*). Der obere Abschnitt ihrer geteilten Augen befindet sich beim Schwimmen über der Wasseroberfläche. Dadurch können die Vieraugen Beutetiere oder Freßfeinde gleichzeitig im Wasser und im Luftraum wahrnehmen

6 Beim Blinden Höhlensalmler (*Astyanax mexicanus*) sind die Augen zurückgebildet und mit einem Fettpolster überlagert

7 Im schlammigen Bodengrund suchen die Punktierten Kopfsteher (*Chilodus punctatus*) nach Nahrungstieren. Ihre Körperzeichnung wirkt als Schutzfärbung, die Schwimmhaltung ist der Nahrungsweise angepaßt

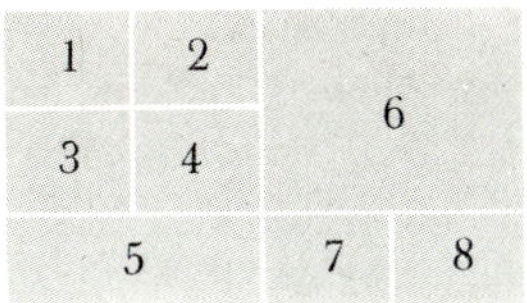

1 Der Blaue Antennenwels (*Ancistrus dolichopterus*) hat sich an einem Stein festgesaugt. Seitlich des Kopfes das hartstrahlige Verspreizungsorgan, mit dem die Tiere im strömenden Wasser zusätzlich Halt zwischen den Steinen finden

2 Maul eines Harnischwelses der Gattung *Pterygoplichthys*. Deutlich sichtbar die Zähne, mit denen diese Welse Algen und Holz abraspeln

3 In solchen schnellfließenden Gewässern im Hochland Perus leben *Ancistrus*-Arten

4 Ein typisches Biotop für algenfressende Welse in Kalimantan

5 Spatelwelse – hier ein Jungtier von *Sorubinichthys planiceps* – sind durch Färbung und Körperhaltung gut auf das Leben zwischen Schilfrohren eingestellt. Diese räuberischen Fische stehen in Ruhe und Lauerstellung kopfunter mit ihrem abgeplatteten Körper an senkrechte Gegenstände angeschmiegt

6 *Farlowella gracilis* mit dem auffällig langen Rostrum und der extrem gestreckten Gestalt lebt in Fließgewässern Kolumbiens

7 Auch Welse der Art *Sturisoma nigrirostrum* bevorzugen strömende Gewässer, in denen sie sich zwischen Wurzeln und versunkenem Geäst aufhalten

8 *Rinelocaria magdalenae* schätzt ebenfalls schnellfließende Gewässer mit reichem Algenbewuchs

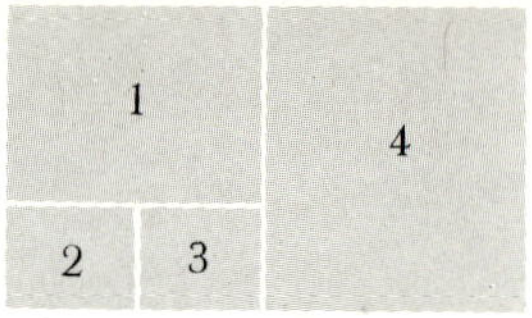

1 Peruanisches Flußbiotop, in dem Welse der Gattung *Pterygoplichthys* gefangen wurden

2 Körperform und Saugmaul dieses wissenschaftlich noch nicht bestimmten Welses aus der Gattung *Pterygoplichthys* weisen auf einen solchen Lebensraum hin

3 Schneckenbarsche – hier *Lamprologus magarae* – leben im Tanganjikasee, wo sie leere Schneckengehäuse bewohnen

4 *Synodontis brichardi*, ein Vertreter der afrikanischen Fiederbartwelse, nachtaktiver Fische, die vor allem mit ihren Barteln Nahrung aufspüren

1		4	
2	3	5	6

1 Wie ein Stück Holz liegt der räuberische Großmaulwels (*Chaca chaca*) am Bodengrund und wartet auf Beutefische, die die bewegten Barteln an seinem Maul für Würmer halten und danach schnappen. Im gleichen Augenblick sind sie jedoch die Beute des Welses

2 *Rineloricaria lanceolata* paßt sich mit seiner Färbung gut dem steinigen Bodengrund an

3 Bratpfannenwelse der Gattung *Bunocephalus* sind typische Bodenfische in Gewässern mit schlammigem oder mit abgestorbenem Laub bedecktem Boden

4 *Synodontis alberti* – ein Fiederbartwels mit extrem langen Barteln

5 Bei älteren Exemplaren der Piranhas *Serrasalmus nattereri* sind die gefährlichen Zähne gut zu erkennen, mit denen sie große Stücke aus den Beutetieren »herausschneiden«

6 Beim Kampf um Teile des Beutefisches kommt es auch zu gegenseitigen Verletzungen der im Schwarm angreifenden Piranhas

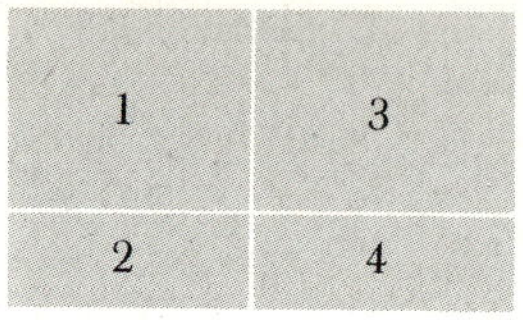

1 Fanggebiet des Kammkugelfisches (*Tetraodon lorteti*) in Thailand

2 Männchen des Kammkugelfisches, einer der wenigen Kugelfischarten, die im reinen Süßwasser vorkommen

3 *Tetraodon fluviatilis* in aufgeblasenem Zustand

4 *Tetraodon steindachneri.* Kugelfische schwimmen vorwiegend mit Hilfe der fast durchsichtigen Brustflossen

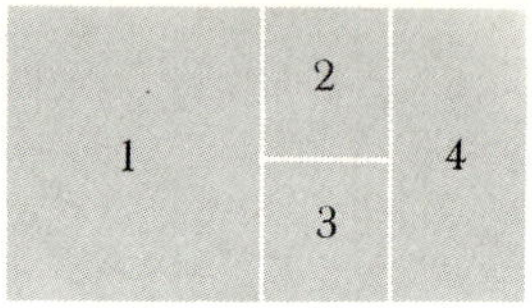

1 Der Rückenschwimmende Kongowels (*Synodontis nigriventris*) zeigt im Gegensatz zu den meisten Fischen, deren Bauchseite heller ist, eine dunkle Bauchfärbung – eine Anpassung an seine eigentümliche Schwimmlage

2 Cichliden schnellfließender Gewässer haben sich dem Leben am Bodengrund angepaßt. Die zurückgebildete Schwimmblase erlaubt ihnen das Schwimmen im freien Wasser nur unter großer Kraftanstrengung. Zeichnungs- und Farbmuster lassen sie optisch mit dem steinigen Boden ihres Biotops verschmelzen. *Steatocranus casuarius* bewohnt im Zaire-Fluß/Kongo etwas geschütztere Stellen zwischen den Stromschnellen

3 Für *Teleogramma brichardi*, den Quappenbuntbarsch, trifft das gleiche zu. Mit seinem gestreckten, schlangenförmigen Körper ist er strömenden Gewässern noch besser angepaßt

4 Kopfstudie vom Buckelkopfcichliden (*Steatocranus casuarius*)

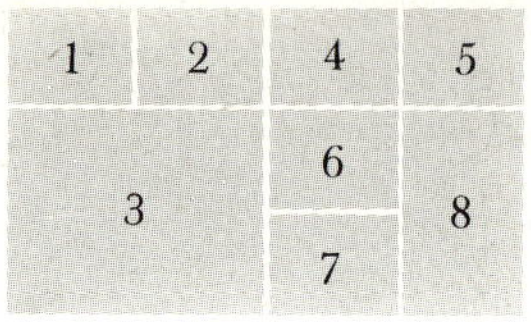

1 Ufer eines Schwarzwasser-Flusses

2 Fische der Klarwasserflüsse zeigen oft deutliche Geschlechtsunterschiede – hier der Kupfersalmler (*Hasemania nana*)

3 Schwarmfische des Schwarzwassers tragen oft eine leuchtend irisierende Färbung, wie zum Beispiel die Roten Neon (*Cheirodon axelrodi*)

4 Glasbarsch *Chanda wolffi*

5 Glasbarsch *Chanda ranga*

6 Jungfische der Schrägsteher (*Nannobrycon eques*) leben im Schwarm

7 Fast durchsichtige Fische sind für Freßfeinde schlecht auszumachen. Glaswelse (*Kryptopterus bicirrhis*) findet man meist im Schwarm

8 Kopfstudie des afrikanischen Glaswelses (*Physailia pellucide*)

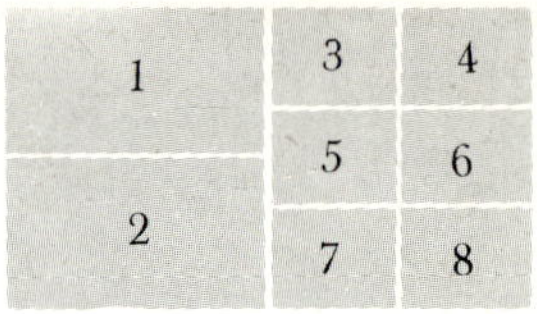

1 Ausgewachsene Tiere von *Tropheus duboisi* zeigen eine andere Färbung wie die Jungfische dieser Art

2 *Tropheus duboisi* – Jungfisch mit der typischen Fleckenzeichnung

3 Normalfärbung des Dreibinden-Ziersalmlers (*Nannostomus trifasciatus*)

4 Schlaffärbung der gleichen Art

5 Normalfärbung des Wabenschwanzgurami (*Belontia hasselti*)

6 Schlaffärbung der gleichen Art

7 Normalfärbung des Blauen Neon (*Hyphessobrycon simulans*)

8 Schlaffärbung der gleichen Art

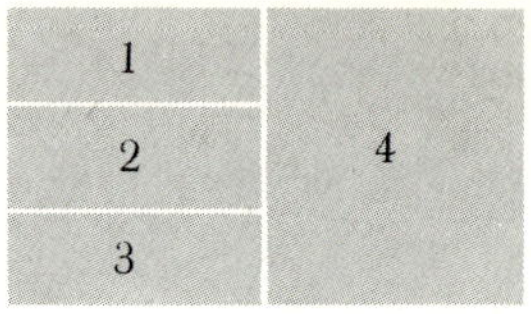

1	4
2	
3	

1 Mutante des Kardinalfisches (*Tanichthys albonubes*), der Schleierkardinal, wie alle Schleierformen nicht für die natürliche Umwelt geeignet

2 Mutante des Zebrabärblings (*Brachydanio rerio*)

3 Mutante des Papageienplaty (*Xiphophorus variatus*)

4 Kampffisch (*Betta splendens*) (Zuchtform Schleier)

1		4	5
		6	7
	3	8	9

ne Zuchtform des
lfisches, der wiederum
durch Zucht entstan-
Unterart des Giebel
assius auratus gibelio)

as Männchen dieser
lla maxillaris mit au-
wöhnlicher Rücken-
auch eine Mutation
tante der Pracht-
rbe (*Barbus conchonius*)

4 Der Zwergfadenfisch (*Colisa lalia*) und

5 ... seine Mutation zum Roten Zwergfadenfisch

6 *Labeo frenatus* und

7 ... seine Mutation zum Albino

8 Der Makropode (*Macropodus opercularis*) und

9 ... seine Mutation zum Albino

1	4
2	6
3	8

Wegen seiner großen
natürlichen Variabilit
konnte der Guppy (*Po*
reticulata) in unzählig
Varianten gezüchtet w
den. Einige davon soll
hier vorgestellt werde

1 Obenschwert-Form
2 Untenschwert-For
3 Doppelschwert-Gu
4 Triangel
5 Triangel
6 Fächerschwanz
7 Spatenschwanz
8 Fächerschwanz
9 Speerschwanz

Folgende Seite: Schön, aber in der Natur nicht lebensfähig mit ihrer hellen Färbung – die Hongkong-Barbe, eine Mutation der Sumatrabarbe (*Barbus tetrazona*)

Ein verletztes [illegible] löst im Schwarm eine Fluchtreaktion aus[illegible]sche schwimmen hastig auseinander. Die g[illegible] Reaktion ist aber auch auszulösen, wenn [illegible]ne Hautteilchen eines getöteten Tieres ins[illegible] gegeben werden. Die Fische fliehen aug[illegible]lich die Nähe der höchsten Schrecksto[illegible]tration.

Die chemische K[illegible]ikation, bei diesem Beispiel als Auslöse[illegible] Fluchtreaktion wirksam, dient aber an[illegible] der Schwarmbindung. Die Fische erke[illegible] nicht nur optisch, sondern auch über [illegible]nd Geschmacksreize.

Versuche ergaben, [illegible]eitweilig geblendete Männchen des Spitzmaulkärpflings (*Poecilia sphenops*), bei denen das Geruchsorgan ausgeschaltet war, trotzdem noch zwischen Männchen und Weibchen der eigenen Art unterscheiden und artfremde Tiere erkennen konnten. Die in der Kopfregion der Tiere konzentrierten Geschmacksknospen ersetzten den Gesichtssinn und den Geruchssinn.

Von den Eiern oder den Larven ausgehende Duftstoffe lösen bei brutpflegenden Fischen typische Pflegehandlungen aus, die genau mit dem jeweiligen Entwicklungsstadium der Brut synchronisiert sind. Sie fächeln beispielsweise mit den Brustflossen Frischwasser zu den Eiern und den mit den Schwänzen zappelnden Larven oder legen — in einem späteren Stadium — eine typische Führungsfärbung an. Daß diese Reaktionen nicht (zumindest nicht nur) auf optischer Wahrnehmung beruhen bzw. Reize über den Ferntastsinn des Seitenlinienorgans aufgenommen werden, wurde durch folgende sinnreiche Versuchsanordnung bewiesen:

Man trennte ein Weibchen des Roten Cichliden (*Hemichromis guttatus*) von seiner Brut und setzte es in ein nebenstehendes Becken. Jede optische Kommunikation wurde zuverlässig unterbunden. Leitete man nun vom Gelege oder den Larven abgesaugtes Wasser über ein Rohr in das Becken des Weibchens, wurden genau die dem Entwicklungsstadium der Brut entsprechenden Pflegehandlungen ausgelöst — das Weibchen stand an der Austrittsöffnung des Rohres und fächelte Frischwasser oder zeigte Verhaltensweisen der Führung der Jungfische. Es reagierte auf Duftstoffe, die den Entwicklungsstand der Brut präzise signalisierten.

Für die Paarbindung während der Fortpflanzungszeit, aber auch schon für das Finden der Geschlechtspartner oder die Auslösung des Geschlechtsaktes spielen neben anderen Reizen Sexuallockstoffe eine Rolle. Die Pheromone, die im Zusammenhang mit den Eireifungsprozessen gebildet werden, wirken — ähnlich wie Hormone im Organismus — steuernd per Distanz auf den Geschlechtspartner.

Einzelgänger unter den Fischen, die außerhalb der Fortpflanzungszeit getrennt leben, finden den Geschlechtspartner offensichtlich mittels chemischer Kommunikation. Für Welse und Cichliden, die, einer Existenz in schnellfließenden Gewässern angepaßt, farblich unauffällig, keine optisch deutlich erkennbaren geschlechtsdifferenzierenden Merkmale haben, ist das ziemlich sicher. Aber vermutlich ist die Verständigung auf chemischem Wege bei Fischen viel weiter verbreitet, als bisher experimentell nachgewiesen werden konnte.

Bei Schwarmfischen lösen Balz und Paarung einzelner Tiere häufig eine Nachfolge-Reaktion des ganzen Schwarmes aus — alle Tiere laichen jetzt zur gleichen Zeit. Es gibt auch Beobachtungen, daß artfremde Paare dadurch ebenfalls zum Laichen stimuliert wurden. Dieser Ansteckungseffekt ist sicher nicht allein durch optische Reize zu erklären, sondern durch die Wirkung der Pheromone, die beim Laichakt abgegeben werden und auch die anderen Tiere des Schwarms zur Paarung anregen.

Bei der Zucht von Fischen, die im Aquarium nur schwer zum Ablaichen zu bringen sind, werden diese empirisch gewonnenen Erfahrungen von manchen Züchtern regelmäßig und erfolgreich genutzt. Sie setzen problemlos und sicher laichende Paare mit in das Zuchtbecken und lösen dadurch bei den schwierigen Paaren den Laichvorgang aus.

Doch weniger bekannt ist, daß viele Fische auch die Möglichkeit akustischer Kommunikation besitzen. Sie sind gar nicht »stumm wie ein Fisch im Wasser«, wie die landläufige Redewendung besagt. Daß Fische hören können, ist schon lange erwiesen. Sie verfügen über ein akustisches Organ, das Schallwellen aufnehmen und verarbeiten kann. Ihr Unterscheidungsvermögen für Geräusche ist experimentell erwiesen. Bei Dressurversuchen an Katzenwelsen (*Ictalurus nebulosus*) fand v. Frisch heraus, daß sie Pfiffe unterschiedlicher Tonhöhe differenzieren können. Die Fähigkeit der Fische zur aktiven Lauterzeugung ist dagegen nur langjährigen Aquarianern aus ihrer Praxis vertraut.

Rivalisierende Skalare machen sich mit knarrenden Geräuschen bemerkbar, die durch Kieferbewegungen erzeugt werden. Ähnliche Geräusche bringen die drei aquaristisch bekannten Vertreter der Labyrinthfischgattung *Trichopsis* hervor, die vor allem bei der größten Art *Trichopsis vittatus* deutlich zu hören sind. Sie haben der Art den deutschen Namen Knurrender Gurami eingetragen.

Das Knurren spielt vor allem bei den innerartlichen Kommentkämpfen der männlichen Tiere eine Rolle, es wird aber auch als Drohgebärde vom Weibchen gegenüber anderen Fischen eingesetzt. Das typische Knarren ist fast immer mit einem gleichzeitigen Flossenspreizen und Körperwedeln verbunden. Die Geräusche werden durch besondere Strukturen erzeugt; ein stark vergrößerter Teil der inneren Brustflossenmuskulatur schnellt eine Sehne über ein knöchernes Hindernis, die Labyrinthhöhlen und der vordere Teil der Schwimmblase wirken als Resonanzkörper zur Verstärkung. Der Vergleich mit einem Zupfinstrument drängt sich auf.

Ein dumpfes Rasseln lassen manche Welse hören, zum Beispiel der Punktierte Panzerwels
177/4 (*Corydoras paleatus*) oder der Schwielenwels *Callichthys callichthys*.
Erregte Schmerlen bringen, angegriffen, klirrende Geräusche hervor. Es klingt, als schlüge man einen Glasstab gegen eine Flasche.

Ich konnte das häufig bei einer Grünen Schmerle (*Botia modesta*) hören, die ich zusammen mit einem Ceylonmakropoden (*Belontia signata*) pflegte. Da dieser die Schmerle ständig belästigte, zog sie sich in ein Versteck in einem Stück Bambusrohr zurück. Versuchte nun der Ceylonmakropode in ihr Versteck einzudringen, brachte sie ihn regelmäßig mit diesem »Klirren« dazu, ein Stück zurückzuweichen. Offensichtlich funktionierte auch gegenüber dem artfremden Gegner das Geräusch als Droh- oder Abschreckungssignal.

Ähnliches trifft wohl auch zu auf Lautäußerungen, die ich durch Zufall bei Piranhas *Serrasalmus* 49/5, 6
nattereri bemerkte. Beim Wasserwechsel in ihrem Becken berührte ich versehentlich mit dem Schlauchende die Seite eines Tieres, das wegen des niedrigen Wasserstandes keine Gelegenheit zur Flucht hatte. Der Piranha gab daraufhin ein deutlich hörbares Brummen von sich, das durch weitere Berührungen der Bauchseite immer wieder ausgelöst werden konnte.

Bei den Piranhas wird diese Lautäußerung durch einen speziellen Muskel ermöglicht, der mit der Schwimmblase verwachsen ist und sie durch vibrierendes Zusammenziehen in Schwingungen versetzt.

Dieser Trommelmuskel ist auch bei anderen Salmlerarten vorhanden. Er tritt aber offenbar erst in der Zeit der Geschlechtsreife in Funktion.

Zu Beginn der Regenzeit wandert ein beliebter Speisefisch des Amazonasbeckens, der Jaraqui (*Prochilodus insignis*), in großen Schwärmen stromaufwärts zu den Laichplätzen, gewöhnlich an den Einmündungen kleiner Nebenflüsse gelegen. Die Männchen erreichen diese Stellen zuerst und veranstalten dort ein weithin hörbares auf- und abschwellendes Gebrumm, das offensichtlich dem Anlocken der Weibchen dient.

Bei einer anderen Art der Gattung, *Prochilodus nigricans*, »brummen« die Männchen schon auf dem Weg zu den Laichgebieten. Einheimische Fischer orientieren sich daran und können rechtzeitig ihre Netze aufstellen.

Das »Laichbrummen« großer Fischschwärme

hat auch die intensivere Erforschung der Lautäußerung bei Fischen überhaupt ausgelöst.

Während des zweiten Weltkrieges setzte die US-Marine Unterwasserhorchgeräte ein, mit denen feindliche U-Boote geortet werden sollten. In einer bestimmten Jahreszeit gaben diese Hydrophone häufig Alarm, aus den Verstärkern drangen die charakteristischen Blubbergeräusche von Dieselmotoren. Die Suche nach U-Booten aber blieb erfolglos, statt dessen wurden als Lauterzeuger riesige Schwärme eines Umberfisches (*Micropogon undulatus*) entdeckt, die während ihrer jährlichen Laichzeit im Frühsommer diese Geräusche produzieren.

Die bioakustische Forschung brachte erstaunliche Ergebnisse. Tatsächlich ist die Lauterzeugung bei Fischen viel weiter verbreitet, als erwartet. Man schätzt heute, daß mehr als die Hälfte der Süßwasserfische über die Fähigkeit zur Lautäußerung verfügt und sie vor allem in der innerartlichen Kommunikation einsetzt.

Allerdings liegen die meisten dieser Lautäußerungen außerhalb der Grenzen des menschlichen Hörvermögens und können nur mit entsprechenden Unterwassermikrofonen und speziellen Aufzeichnungstechniken hörbar oder sichtbar gemacht werden.

Wieder sind unter den Aquarienfischen vor allem Cichliden bemerkenswert. Ihre optisch so eindrucksvollen Verhaltensweisen werden häufig von akustischen Signalen begleitet. Bei Untersuchungen an Buntbarschen wurden ganz unterschiedliche Lautäußerungen registriert, die der konkreten Situation entsprechend eingesetzt werden. Bei der Balz des Roten Cichliden (*Hemichromis guttatus*) haben die hervorgebrachten Geräusche eine kommunikative Funktion. Angriffe auf das Gelege oder aggressives Verhalten des Geschlechtspartners lösen beim Zebrabuntbarsch (*Cichlasoma nigrofasciatum*) spezielle Lautäußerungen aus, Skalare reagieren auf Störungen ebenfalls mit Geräuschen.

Die Skala der Lautäußerungen von Fischen ist breit: Sie reicht vom Brummen und Rasseln bis zu Pfeiftönen. Entsprechend unterschiedlich sind auch die speziellen Organstrukturen, mit denen Geräusche erzeugt werden. Neben dem erwähnten Trommelmuskel bei Salmlern können auch Flossen, Kiefer- und Schlundzähne, andere Muskeln und Muskelbänder und Knochenelemente beteiligt sein und verschiedene Formen der Resonanzverstärkung wirksam werden.

Manches interessante Detail im Verhalten der Fische wurde erst durch die bioakustische Forschung erschlossen. Auch ihre hörbaren, meist aber erst mit technischen Finessen auch für den Menschen hörbar gemachten Lautäußerungen sind für ihr Verhalten wahrscheinlich wesentlich wichtiger als man bisher angenommen hat und vielleicht ebenso bedeutsam wie andere Formen der Verständigung.

Die verschiedenen Formen der Verständigung bestimmen neben vielen anderen Faktoren ihrer Umwelt maßgeblich das Verhalten der Fische untereinander.

Die in der Kommunikation eingesetzten Signale lösen beim Partner als Reize einzeln oder meist in komplizierter Verflechtung mit anderen als Reizkombination bestimmte, im Verhaltensprogramm genetisch fixierte Reaktionen aus, die wiederum als Reiz zurückwirken und den nächsten Schritt einer Handlungskette auslösen. Selten allerdings tritt dieser starre Mechanismus einer programmierten Handlungskette »rein« auf. Das Verhalten verläuft nicht oder doch überwiegend nicht nach den fixierten Schritten einer idealisierten Reiz-Reaktions-Kette, sondern eingebettet in die Situation der realen Umwelt. Durch andere starke Außenreize — das Auftauchen eines Gegners während der Balz, selbst Futtergaben bei hungrigen Tieren — kann zum Beispiel eine Balzhandlung an jeder Stelle unterbrochen werden, der stärkere Trieb überlagert den in einer konkreten Triebkonfliktsituation schwächeren. Die prinzipiell starre Erbkoordination des Verhaltens äußert sich in einem komplexen und vielschichtigen Beziehungsgefüge und ermöglicht innerhalb des vorgegebenen Rahmens unterschiedliche, elastische Reaktionen. Darin liegt nicht zuletzt die Anpassungsfähigkeit an Umweltbedingungen.

Fische können auch Erfahrungen speichern und sind – in gewissen Grenzen, die artspezifisch von der Entwicklung ihres Gehirns abhängen – lernfähig. Die angeborenen Auslösemechanismen werden ergänzt durch erworbene.

Die lebenswichtigen Reaktionen sind fest als Erbkoordination verankert. Nähert man sich seinem Aquarium sehr schnell mit für die Fische ungewohnt hastigen Bewegungen, reagieren sie mit einer instinktiven Flucht in sichere Deckung. Sie zeigen eine angeborene Schutzreaktion, einen unbedingten Reflex. Sie lernen aber auch – wieder innerhalb vorgegebener Grenzen – ihren Pfleger kennen und reagieren auf die mit der Fütterung verbundenen gewohnten Reize mit Annäherung an die Futterstelle. Hier wird ein erworbener Auslösemechanismus erkennbar, ein bedingter Reflex, der aus der Verbindung verschiedener Reize, dem Öffnen der Futterluke und der gleichzeitigen Futtergabe, im Gehirn entstanden ist.

Bei der Beobachtung der Fische ist oft schwer zu beurteilen, ob ein Tier einem angeborenen oder erworbenen Auslösemechanismus entsprechend reagiert. Die konkrete Reizsituation ist nur unvollkommen einzuschätzen, und viele Faktoren bleiben der direkten Beobachtung verborgen. Die Kenntnis der grundlegenden Reiz-Reaktions-Mechanismen ist aber unabdingbar, will man bei der Interpretation seiner Verhaltensbeobachtungen nicht fehlgehen.

Das trifft auf alle Verhaltensweisen der Fische zu, besonders aber ist das bei der Beobachtung ihres Verhaltens untereinander und bei der Deutung ihrer verschiedenen Beziehungen und Sozialstrukturen zu beachten.

In einem Gesellschaftsaquarium werden oft Fische zusammengebracht, die unter natürlichen Bedingungen niemals miteinander in Berührung kommen. Ist die Auswahl gut überlegt getroffen worden, treten bei solcher künstlichen Vergesellschaftung sehr selten Probleme auf. Schwarmfische wie Barben und Salmler beleben die mittleren freien Wasserschichten, Welse oder Zwergcichliden besetzen die Bodenzone, Hechtlinge und andere Oberflächenfische bleiben in den ihrer Lebensweise entsprechenden Bereichen. Bestimmte Kommunikationsformen der Fische funktionieren auch über die Art-Grenzen hinaus und regeln die Beziehungen untereinander.

Bei der Fütterung drängen sich die Tiere häufig auf engem Raum zusammen. Ein Außenreiz – die Futter»wolke« – führt zur Bildung einer Fischansammlung. Solche gelegentlichen »Verbände« treten auch im natürlichen Biotop bei Fischen auf, die normalerweise zerstreut leben. Ein konzentriertes Futterangebot führt selbst Fische zusammen, die sich sonst meiden.

Fischansammlungen dieser Art entstehen zufällig. Sie können unter günstigen Voraussetzungen sehr groß sein. Zwischen den einzelnen Individuen und den miteinander auf Grund äußerer Bedingungen vergesellschafteten Fischarten existieren keine sozialen Beziehungen im eigentlichen Sinne, wie sie für Fischschwärme charakteristisch sind.

Zeitweilige Schwarmbildung tritt auch aus anderen Gründen auf. Bei vielen Cichlidenarten werden die Jungfische von den führenden Eltern im Schwarm zusammengehalten. Die Schwarmbindung ist angeboren und wird durch spezielle Kommunikationsformen zwischen Brut und Elterntieren gefestigt. Die Jungfische genießen durch die Schwarmexistenz Schutz. Die heranwachsenden Jungtiere leben häufig in größeren Schwärmen zusammen, bis sie sich bei Eintritt der Geschlechtsreife vereinzeln beziehungsweise in lockeren Gruppen beieinander leben.
Bei Gefahr schließen sich auch Fische zusammen, die im allgemeinen zerstreut in versteckreichen Biotopen existieren. Skalare zum Beispiel leben unter natürlichen Verhältnissen vereinzelt. Die Geschlechtspartner finden sich nur zur Paarung und zur Pflege der Brut.

Freie Wasserzonen durchschwimmen sie aber meist im geschlossenen Verband, der Schutz bietet.

Bei Fischen, die dem Leben im freien Wasser angepaßt sind, hat sich aus der Schutzfunktion des Schwarms ein ausgeprägter Schwarmtrieb herausgebildet, der ihr gesamtes Verhalten bestimmt. Sie leben immer im Schwarm, dessen Größe praktisch unbegrenzt ist und unter Umständen viele Tausende Individuen umfassen kann. In einem typischen Schwarm zeigen alle Mitglieder zur gleichen Zeit dasselbe Verhalten: Sie fressen, ruhen, wandern und paaren sich gleichzeitig. Diese Schwarmeffekte, Formen »sozialer Imitation«, beruhen auf Stimmungsübertragung, ausgelöst auf kommunikativem Wege durch visuelle, akustische oder chemische Signale. Alle Schwarmmitglieder sind einander gleichgestellt, es gibt keinen Anführer, keine Rangordnung und keine Auseinandersetzungen. Nur in der Fortpflanzungszeit können harmlose Rivalitätskämpfe der Männchen um paarungsbereite Weibchen die Harmonie gelegentlich stören und den stärksten Männchen höhere Anteile am Fortpflanzungsgeschehen sichern.

Die soziale Attraktion, die den Schwarm zusammenhält, ist experimentell einfach zu belegen. Setzt man einen Schwarm Salmler in ein unbepflanztes Aquarium, so bewegt er sich geschlossen durch das Wasser. Trennt man nun mittels einer Glasscheibe ein einzelnes Tier vom Schwarm ab, schwimmt es, immer im Blickkontakt zu den Artgenossen, an der Trennscheibe erregt hin und her. Wird die Trennscheibe entfernt, schließt sich der abgesperrte Fisch sofort wieder dem Schwarmverband an.

Allmählich, wenn die Fische nicht beunruhigt werden, lockert sich der enge Zusammenhalt. Besonders in einem dicht bepflanzten Aquarium, das viele Versteckmöglichkeiten bietet, löst sich der Schwarm scheinbar auf. Es genügt aber eine Störung, zum Beispiel das Einsetzen eines größeren Fisches, um erneut den Zusammenschluß zum Schwarm herbeizuführen.

Fischschwärme bestehen in der Regel aus Tieren einer Art und Größe. Mehrere kleine Schwärme oder hinzukommende Einzeltiere vereinigen sich ohne Komplikationen. Es sind offene Verbände, deren Mitglieder sich nicht individuell erkennen, aber die größere Sicherheit des Schwarmverbands genießen. Viele Augen sehen mehr als zwei, eine Gefahr wird rechtzeitig signalisiert, dem ersten flüchtenden Tier folgt der Schwarm instinktiv, geschlossen in schutzbietende Deckung. Für den Raubfisch ist ein geschlossener Schwarm nicht etwa, wie man annehmen könnte, eine leichte Beute. Er kann sich nicht auf einen Einzelfisch konzentrieren, und in der Regel gelingt es ihm auch nicht, ein Opfer zu fassen. Ein abgesprengtes Tier hat dagegen geringe Chancen davonzukommen.

Neben den anonymen Verbänden typischer Schwarmfische existieren jedoch auch schwarmähnliche Sozialstrukturen, die in anderer Weise funktionieren. Vor allem Lebendgebärende Zahnkarpfen und Cichliden, aber auch bestimmte Salmler und Barben formieren kleinere Gruppen von Fischen, individualisierte Verbände, deren einzelne Individuen zueinander in einem hierarchischen Verhältnis stehen. Eine Rangordnung in einer Fischgruppe setzt voraus, daß sich die Tiere individuell erkennen. Das ist nur möglich bei einer begrenzten Größe der Gruppe.

Eindrucksvoll ist die soziale Hierarchie bei Brabantbuntbarschen (*Tropheus moorii*) im Aquarium 91/4
zu beobachten. Das dominierende Tier fällt durch Färbung und Imponierhaltung auf. Die abgestufte Rangfolge der übrigen Schwarmmitglieder ist daran ablesbar, wie oft ein unterlegenes Tier Demutshaltung einnehmen muß. Bei *Tropheus moorii* ist das ein charakteristisches Rütteln mit quergestelltem und vom Angreifer abgebogenen Körper. Diese Unterlegenheitsgeste stoppt die Aggression, die innerhalb individualisierter Verbände, nachdem erst einmal die Rangfolge durch artspezifische Auseinandersetzungen festgelegt ist, keine große Rolle mehr spielt.

Familiengruppen bilden in der Fortpflanzungszeit die *Apistogramma*-Arten. Die individualisierten Gruppen bestehen aus einem Männchen, mehreren Weibchen und den von diesen geführten Jungfischschwärmen. Ähnliche Beobachtungen kann man bei den sehr territorial ge-

116 bundenen *Julidochromis*- und manchen *Lampro-*
131/5 *logus*-Arten machen. Sie leben in Familiengruppen, in denen Jungfische verschiedenen Alters geschützt aufwachsen können.

Bei Einzelgängern unter den Fischen bleiben innerartliche Sozialstrukturen auf die Fortpflanzungszeit beschränkt. Nur in dieser Zeit treten Labyrinthfische, bestimmte Welse und Cichliden mit dem Paarungspartner in Kontakt. Jeder andere Fisch, besonders wenn er der eigenen Art angehört, wird aus dem Revier vertrieben, und auch der Paarungspartner wird nur für die meist sehr kurze Balz und Paarung geduldet. Bedingt durch die einzelgängerische Lebensweise gibt es auch keine engeren Bindungen zur Brut. Pflegehandlungen reichen, sofern sie überhaupt auftreten, höchstens bis zum Freischwimmen der Jungfische, die sich dann sofort zerstreuen und ein eigenes Nahrungsrevier zu behaupten suchen. Schwarmverhalten, das bei Schwarmfischen das ganze Leben bestimmt, bei den meisten brutpflegenden Cichliden wenigstens die ersten Wochen nach dem Freischwimmen der Jungfische anhält, häufig auch noch die heranwachsenden Jungtiere bis zur Geschlechtsreife zusammenhält, ist bei Einzelgängern nicht zu beobachten.

Wie und was fressen Fische – die Ernährungsweise

Die Fütterung seiner Pfleglinge gehört zu den täglich sich wiederholenden Pflichten des Aquarianers — eine Selbstverständlichkeit, die kaum des Nachdenkens wert scheint.

Mit dem Griff zur Futterdose sind alle Probleme gelöst, die Fische fressen das Trockenfutter lieber als ihre natürlichen Futtertiere, sie gedeihen prächtig und laichen sogar — jedenfalls ist das der Werbung der Hersteller zu entnehmen.

In aquaristischer Fachliteratur wird dagegen häufig ein entgegengesetzter Standpunkt vertreten. Viele Autoren verteufeln das künstlich hergestellte Futter, sie schwören auf Lebendfutter, im Tümpel gefangene Kleinkrebse, sie lassen nur Daphnien, Cyclops, Tubifex oder Mückenlarven gelten.

Der Aquarianer, der es seinen Tieren recht machen will, gerät in Zweifel. Die Fachleute sollten es doch wissen, was aber, wenn in der Zoohandlung kein Lebendfutter angeboten wird oder der Weg zu weit ist?

Die Tümpeltour, die für die Väter der Aquaristik noch selbstverständlich war, ist heute vielerorts nicht mehr möglich. Tümpel und Teiche, in denen früher das Jahr über eine reiche Kleintierfauna gedieh, sind trockengelegt, der zunehmenden Melioration zum Opfer gefallen, andere durch Abwässer geschädigt. Lebendfutterzuchten sind zu aufwendig und nicht immer zuverlässig.

Bleibt am Ende doch nur der Griff zum Trokkenfutter, wenn auch mit schlechtem Gewissen?

Eine Betrachtung der Nahrungsgewohnheiten und des Freßverhaltens der Aquarienfische in ihrem natürlichen Biotop kann in diesen Fragen weiterhelfen. Sicher gibt es unter den Fischen auch ausgesprochene Nahrungsspezialisten, die für die Aquarienhaltung zu »Problemfischen« werden, weil ihre besonderen Ansprüche schwer zu befriedigen sind. Für die Masse der üblichen Aquarienfische liegen die Dinge aber einfacher. Sie sind auch in ihren natürlichen Lebensverhältnissen zur Anpassung an ein unterschiedliches und jahreszeitlich wechselndes Futterangebot gezwungen.

In den meist tropischen Herkunftsgebieten unserer Aquarienfische, vor allem in Südamerika, Afrika und Südostasien, existieren häufig extrem mineralarme, von Huminstoffen angesäuerte Gewässer. In diesem sogenannten Schwarzwasser sind die Futtertiere, die wir gewöhnlich im Aquarium den Fischen anbieten — Daphnien und Cyclops —, kaum anzutreffen. Die Hauptnahrung in den Heimatbiotopen besteht vor allem aus Mükken- und anderen Insektenlarven, die in ruhig fließendem oder stehendem Wasser in unvorstellbaren Mengen vorkommen können, oder aus der »Anflugnahrung«, vorwiegend Insekten, die von der Wasseroberfläche oder beim Absinken aufgenommen werden.

Eine Vorstellung von der kaum glaubhaften Fülle, in der Anflugnahrung in bestimmten Zeiten auftritt, konnte ich während einer Fischfang- und Fotoexpedition auf dem Parana Urana im Amazonasgebiet gewinnen.

Viele Vögel, die dicht über der Wasseroberfläche erregt kreischend durcheinanderflatterten, hatten uns schon von weitem darauf aufmerksam gemacht, daß da irgendetwas Ungewöhnliches vorging. Beim Näherkommen gerieten wir in einen riesigen Insektenschwarm, auf den die Vögel Jagd machten. Die Wasseroberfläche aber war wie mit einem Teppich von Insekten bedeckt, die von ungezählten Fischen gierig eingeschlürft wurden.

Doch dieses reichliche Futterangebot ist an bestimmte jahreszeitliche Rhythmen gebunden, und in den nahrungsärmeren Perioden fressen die Fische alles, was verdaulich ist und auf oder im Wasser schwimmt. Das mag nicht überzeugend klingen, aber es wird durch die Beobachtungen in den Heimatgebieten der Aquarienfische bestätigt.

Die Anpassungsfähigkeit der meisten Fische an unterschiedliches Futter und auch an Nahrung, die von der gewohnten stark abweicht, läßt sich auch im Aquarium gut erkennen.

Haben wir die Fische einmal längere Zeit sehr sparsam gefüttert, sind sie nicht mehr wählerisch. Sie schnappen jetzt nach allem, was im Wasser schwebt. Auch absinkende Kotreste werden ins Maul genommen, als unverdaulich aber schnell wieder ausgespuckt. Oft nehmen sie das gleiche Teilchen mehrmals hintereinander auf, bis sie es endgültig verwerfen.

Die Fische sind augenscheinlich in der Lage, Verdauliches von Unverdaulichem zu unterscheiden. Ihre gut entwickelten Geruchs- und Geschmacksorgane, die vor allem im Maul und um das Maul herum konzentriert sind — die Barteln vieler Fische sind reich mit Chemorezeptoren besetzt —, sind dafür entscheidend.

Bei manchen Fischarten ist die Leistungsfähigkeit der Geruchsorgane besonders stark ausgeprägt. Sie nehmen Geruchsreize, die von der Nahrung ausgehen, schon auf beträchtliche Entfernung und in entsprechender Verdünnung wahr. Die berüchtigten Piranhas reagieren auf die geringsten Spuren von Blut im Wasser und orientieren sich mit dem Geruchssinn auf entfernte Beute. Bei dämmerungs- und nachtaktiven Fischen dominiert diese Orientierung auf das Futter.

Die meisten unserer Aquarienfische aber sind bei der Futtersuche vorwiegend auf die optische Wahrnehmung, auf Bewegungsreize der Futtertiere eingestellt. Sie schnappen — bei unserem Fütterungsversuch — nach allem, was sich im Wasser bewegt und stellen erst im Maul fest, ob es zum Fressen geeignet ist oder nicht.

Fische, selbst solche, die nur mit lebendem Futter aufgezogen wurden, gehen aber im Aquarium nach kurzer Zeit auch an Trockenfutter, das ihnen bis dahin völlig unbekannt war.

Obwohl sie von Geburt an auf den Bewegungsreiz lebenden Futters orientiert sind und diese Reiz-Reaktions-Verbindung sicher auch zu ihren ererbten Verhaltensmustern gehört, lernen sie rasch, daß auch unbewegliche Objekte — z. B. Kunstfutterflocken — verdaulich sind.

Streut man den mit Lebendfutter aufgezogenen Fischen zum ersten Mal Trockenfutter auf die Wasseroberfläche ins Becken, reagieren die Tiere, auf ihr gewohntes Futter wartend, zunächst nicht. Erst wenn Teilchen des Trockenfutters langsam im Wasser nach unten sinken, nehmen sie es auf, und es dauert dann nicht lange, bis sie auch das an der Wasseroberfläche unbeweglich schwimmende Futter akzeptieren.

Solche Lernvorgänge sind oft beim Wechsel der Futterarten zu erkennen. Wenn man seinen Fischen zum ersten Mal gleichzeitig mit den gewohnten Wasserflöhen Mückenlarven gibt, bleiben diese zunächst unbeachtet. Wenn aber die Fische nach zögernden Versuchen erst einmal auf den Geschmack gekommen sind, bevorzugen sie deutlich das bisher unbekannte Futter.

Die Umstellung auf ungewohntes Futter, das eigentlich nicht ihrer normalen Nahrung entspricht, müssen die Fische auch unter den Bedingungen ihrer Heimatbiotope bewältigen, ganz besonders in nahrungsarmen Zeiten. Ich beobachtete bei Fahrten auf Dschungelgewässern, in denen die Fische sicher noch nie gefüttert worden waren, daß sie sich auf Brot- und Speisereste stürzten, die wir ins Wasser warfen.

Neben der bevorzugten lebenden tierischen Nahrung fressen Fische häufig Pflanzliches, vor allem Algen und weiche Wasserpflanzenblätter.

Lebendgebärende Zahnkarpfen zupfen unermüdlich an winzigen Algenfäden, und manche Salmler und Barben haben sich durch ihre Vorliebe für solche Nahrung unbeliebt gemacht, weil sie Schäden an den Wasserpflanzen im Aquarium anrichten.

Besonders unter den größeren Salmlerarten gibt es spezialisierte Pflanzenfresser. Ein beliebter Speisefisch des Amazonasgebiets, der Pacu (*Colossoma brachypomum*), der nur in den großen öffentlichen Aquarien als interessantes Schauobjekt gehalten wird, bevorzugt z. B. süße Früchte. Auch der größte Vertreter der Labyrinthfische, der Gurami (*Osphronemus guramy*) frißt neben tierischer Nahrung gern Pflanzen.

Cichliden bevorzugen lebendes Futter, das sie am Bodengrund suchen. Sie lernen aber auch von der Wasseroberfläche Futter zu holen, nicht nur im Aquarium.

Im Hafen von Manaus am Rio Negro sah ich große Gruppen von Flaggenbuntbarschen (*Mesonauta festivum*), die gierig an treibenden Brot- und Fruchtstücken fraßen. Sie hatten gelernt, daß hier im Hafen viel Freßbares auf dem Wasser schwimmt, obwohl diese Nahrung und die Art und Weise, wie sie zu erlangen ist, erheblich von ihren üblichen Ernährungsgewohnheiten abweicht.

Fische mit räuberischer Lebensweise haben sich den besonderen Formen ihres Beuteerwerbs angepaßt. In guter Deckung, bewegungslos, zwischen Röhricht und Krautbänken kaum zu erkennen, lauert der Hecht (*Esox lucius*) auf vorüberschwimmende Opfer und greift sie in jähem Zustoß mit dem starkbezahnten Maul. Vor allem sicher Fische, aber auch Wasserinsekten, Kaulquappen und Frösche, und sogar Entenküken und kleine Säugetiere werden seine Beute, wenn ihre Größe nur im richtigen Verhältnis zum Maul des Räubers steht.

Raubfische in aquarienüblicher Größe können solche Brocken nicht verschlingen; dennoch bewältigen sie mitunter erstaunlich große Beutetiere.

Eine hervorragende Anpassung an seine räuberische Existenz hat der aus dem tropischen
Südamerika stammende Blattfisch (*Monocirrhus* 135/4
polyacanthus) entwickelt.

Sein Äußeres gleicht frappierend einem abgestorbenen Blatt, selbst der Blattstiel ist durch ein merkwürdiges Anhängsel an der Unterlippe nachgebildet. Die bräunlich-fleckige Körperzeichnung wechselt, abhängig von der Umgebung wird sie heller oder dunkler.

Die Nachahmung eines im Wasser treibenden welken Blattes ist vollkommen. Sie wird noch verstärkt durch die charakteristische Schwimmhal-
tung des Blattfischs. Leicht kopfunter läßt er sich 84/1
treiben. Unmerklich von den durchsichtigen und deshalb kaum erkennbaren Brustflossen vorwärtsbewegt, nähert er sich seiner Beute und saugt sie mit dem vorstülpbaren Maul ein.

Dieses »Anschleichen« an das Opfer ist auch typisch für die freilaichenden afrikanischen
Buschfische der Gattung *Ctenopoma*. Wie trei- 87/3
bende Holzstückchen nähern sich die langgestreckten Hechtsalmler Südamerikas, und erst beim plötzlichen Zugriff nach Stoßräuberart zeigt sich die Vortriebswirkung des kraftvollen Schwanzflossenschlags.

Die »Angelmethode« des Großmaulwelses 87/4
(*Chaca chaca*) ist an anderer Stelle erwähnt.

Eine verblüffende Jagdmethode hat auch der
Schützenfisch (*Toxotes jaculatrix*) entwickelt. Er 95/5
»schießt« einen Wasserstrahl auf kleine Beutetiere im Luftraum über dem Wasser, und erwachsene Schützenfische treffen noch auf eineinhalb Meter Entfernung. Erstaunlich ist dabei, wie der Fisch die unterschiedlichen optischen Brechungsverhältnisse Luft/Wasser überwindet.

Auf Beute lauernd, hält sich der Schützenfisch dicht unter der Wasseroberfläche auf und nutzt dabei geschickt die Deckung von Schwimmpflanzenblättern. Er reagiert auf optische Bewegungsreize außerhalb des Wassers, z. B. ein Insekt, das sich auf einem Zweig niederläßt. Vorsichtig schwimmt er auf Schußentfernung an das potentielle Opfer heran und richtet die Körperlängsachse — beidäugig visierend — genau auf das Zielobjekt aus. Das Maul durchbricht dabei unmerklich für das Beutetier den Wasserspiegel.

Ein Wasserstrahl, erzeugt durch die plötzliche Kontraktion der Mundhöhle und gebündelt durch eine im Gaumenboden ausgebildete gerade Rinne, die mit der angelegten Zunge zum Strahlrohr geschlossen wird, schießt auf das Opfer. Während des Schußvorgangs wippt der Fisch mit dem Hinterteil nach unten. Dadurch verreißt der Strahl in der Senkrechten fächerförmig, und die Lichtbeugung an der Luft-Wasser-Grenze hat keinen Einfluß mehr auf die Treffsicherheit. Die ist bei erwachsenen Schützenfischen relativ hoch. Ein getroffenes Insekt wird ins Wasser gerissen und verschwindet hier im Maul des erfolgreichen Jägers.

Die Fähigkeit zum Schießen ist den Tieren angeboren. Junge Schützenfische beginnen im Alter von vier bis fünf Monaten, auf diese Weise Beute zu machen. Die Treffsicherheit und Schußweite steigern sich aber erst allmählich mit zunehmendem Alter.

Daß auch verschiedene Labyrinthfischarten Beutetiere über der Wasseroberfläche erreichen können, ist wenigen bekannt, aber durch Aquarienbeobachtungen eindeutig nachgewiesen.

Besonders der Zwergfadenfisch (*Colisa lalia*) und Fadenfische der Gattung *Trichogaster* »schießen« Wassertropfensalven über die Wasseroberfläche. Die heftigen Pumpbewegungen sind an den arbeitenden Kiemendeckeln zu erkennen.

Die Effektivität dieses Spuckens ist allerdings wesentlich geringer als beim Schützenfisch, die Spuckhöhen betragen nur wenige Zentimeter.

Die Fähigkeit zum Wasserspucken nützen diese Fische übrigens hauptsächlich während der Brutpflege. Mehrfach habe ich pflegende Männ-
198/1 chen von *Trichogaster trichopterus* beim Spucken beobachten können. Die ins Wasser zurückfallenden Tropfen reißen die an der Wasseroberfläche treibenden nur schwer erkennbaren Eier mit nach unten, wo das Männchen sie einsammeln kann.

Oberflächenfische sind darauf spezialisiert, auf dem Wasser treibendes Futter zu fressen. Das oberständige Maul ist dieser Nahrungsaufnahme angepaßt. Bemerkenswert sind aber auch bei einigen Arten besondere Ortungssysteme, die das Erkennen bewegter Beutetiere an der Wasseroberfläche ermöglichen. Dabei wird der Ferntastsinn — im Seitenlinienorgan lokalisiert — eingesetzt.

Beim Streifenhechtling (*Aplocheilus lineatus*) z. B. liegen modifizierte Seitenlinienorgane seitlich-oben am Kopf. Mit ihnen erfaßt er präzise Entfernung und Richtung eines bewegten Objekts an der Wasseroberfläche. Im Experiment wurde festgestellt, daß er sogar das Eintauchen einer Nadelspitze wahrnimmt und in Stoßräuberart zielsicher auf das vermeintliche Beuteobjekt zustößt.

Der Schmetterlingsfisch (*Pantodon buchholzi*) — ebenfalls ein typischer Oberflächenfisch —, schnappt mit seinem großen Maul, das wie eine Ladeluke nach unten aufgeklappt werden kann, seitlich nach der Beute. Sie wird durch den Sog des Maulöffnens und die zielgerichtete seitliche Bewegung sicher erfaßt.

Schmetterlingsfische können aber auch geschickt im Sprung über der Wasseroberfläche fliegende Insekten erbeuten, eine Methode, die von sprunggewandten Fischen nicht selten angewendet wird.

Auch die Beilbauchfische gehören dazu. Aller- 42/1, 2
dings dürfte der Nahrungsanteil, der auf diese Weise erjagt wird, an der Gesamtnahrungsmenge nie sehr hoch sein.

Sie wird bei Oberflächenfischen von treibender Nahrung bestimmt und besteht vor allem aus ins Wasser gefallenen Insekten, Mückenlarven und in Laichzeiten auch aus Fischbrut.

Bodenorientierte Fische sind, wie schon diese Bezeichnung ausdrückt, auch bei der Futtersuche vorwiegend auf diesen Bereich ihres Lebensraums angewiesen. Sie haben dazu artspezifische Methoden entwickelt.

Ständig auf der Futtersuche am Boden kann man im Aquarium den Diskusfisch (*Symphysodon discus)* sehen. Die Tiere »blasen« dabei einen Wasserstrahl in den Bodengrund, der die darin verborgenen Futtertiere, z. B. Schlammröhrenwürmer, freilegt, und zupfen sie dann heraus.

86/1 Einige Cichlidenarten, wie z.B. *Geophagus jurupari,* sind als »Erdfresser« bekannt. Sie nehmen das unterständige Maul voll Sand und kauen ihn regelrecht durch. Dabei wird Freßbares ausgesiebt und der Sand wieder ausgespuckt. Bei der Pflege solcher Cichliden im Aquarium muß man dieser Form der Nahrungsaufnahme entsprechende Bedingungen schaffen und einen möglichst feinkörnigen Kies einbringen, um Verletzungen des Mauls vorzubeugen.

Welse, die sich dem Leben am Bodengrund angepaßt haben, besitzen in der Regel speziell zur Futtersuche eingesetzte Tastorgane, meist mehrere Barteln, die das unterständige Maul umgeben. Diese Barteln sind reich mit Geschmackszellen ausgestattet und dienen dem unmittelbaren Aufspüren der Nahrung. Zweifellos verfügen diese Welse auch über einen hochentwickelten Geruchssinn. Bringt man in einer Aquarienecke Futter ein – auch Trockenfutter genügt für den Nachweis – werden alle Welse munter und streben zielgerichtet der Futterstelle zu. Erst in unmittelbarer Nähe setzen sie die Barteln zur Suche ein. Die Augen spielen dabei, obwohl sie voll funktionstüchtig sind und Bewegungen genau registrieren, offenbar keine große Rolle. Man kann nämlich beobachten, daß *Corydoras*-Panzerwelse, vom Geruchssinn richtig in die Nähe des Futters geleitet, sich dort hin und her suchend an einem Häufchen Tubifex »vorbeitasten«, obwohl es deutlich sichtbar vor ihnen liegt.

Unter den Nilhechten der Familie Mormyridae, relativ seltene aber sehr interessante Aquariengäste, sind einige Arten besonders für die Futtersuche im verschlammten Bodengrund ihrer Heimatbiotope ausgerüstet.

88/4 Der Elefantenrüsselfisch (*Gnathonemus petersii*) besitzt, wie auch andere Verwandte, einen beweglichen Kinnfortsatz, mit dem er ständig den Boden nach Freßbarem abtastet.

Die Augen können diesen ausgesprochenen Dämmerungstieren bei der Futtersuche wenig nützen. Schwache elektrische Organe, über die die meisten Nilhechte verfügen, sind offenbar nicht mit dem Nahrungssuchverhalten gekoppelt, wie man gelegentlich angenommen hatte. Systematische Untersuchungen haben vielmehr ihre Funktion bei der Orientierung und Revierabgrenzung wahrscheinlich gemacht.

Zum Fang – der Lähmung oder Tötung von größeren Beutetieren – geeignete elektrische Organe gibt es aber bei Fischen auch. Der Zitteraal (*Electrophorus electricus*), als Schauobjekt großer Zooaquarien geschätzt, kann kräftige elektrische Schläge von mehreren hundert Volt austeilen.

Spezialisierte Aufwuchsfresser sind nicht nur unter Welsen zu finden. Auch Cichlidenarten haben sich dieser Ernährungsweise angepaßt. Mit ihrem unterständigen Maul, das dicht mit
vielen kleinen, dreispitzigen Raspelzähnen be- 91/4
setzt ist, sind die Gestreckten Schabemaulbuntbarsche (*Labeotropheus trewavasae*) Charaktertiere der algenbewachsenen Felsenbiotope des Malawisees. Sie können ihre Nahrung in normaler Schwimmhaltung abweiden, während andere Arten, die ebenfalls auf diese Algen-»Rasen« spezialisiert sind, sich dazu auf den Kopf stellen müssen. Mit den Algen nehmen die Fische gleichzeitig auch die vielen Kleinlebewesen auf, die zwischen den Algenfäden existieren.

Der Küssende Gurami (*Helostoma temminckii*) aus dem südostasiatischen Raum fällt durch sein
dicklippiges Maul auf. Es ist dicht mit feinen Zäh- 90/3
nen besetzt und dadurch für die Aufnahme von Algen eingerichtet. Wichtiger scheinen für diese Labyrinthfische aber die zwischen den dichtwachsenden Algenfäden existierenden Klein- und Mikroorganismen zu sein. Dafür spricht die bei der Art besonders ausgeprägte Fähigkeit, über die Kiemen planktonische Nahrung auszufiltern.

Das Saugmaul algenfressender Welse ist nicht 44/2
nur für ihr Freßverhalten eine bewundernswürdige Anpassung an die Lebensweise. Sie können

sich damit festsaugen, starker Strömung widerstehen und gleichzeitig mit den vielen kleinen Zähnen die Algen abraspeln.

Dieser perfekt wirksame Saugapparat bedeutet aber auch, daß während seines Einsatzes der normale Weg des Atemwassers — über das Maul an den Kieferbögen vorbei — verlegt ist. Festsaugen oder Atmen — beides zugleich funktioniert nicht. Da offenbar die akzessorische Darmatmung keine zureichende Sauerstoffversorgung sichert, mußte ein anderer Ausweg gefunden werden. Er liegt bei den Loricariiden in der Verlegung der Kiemenspalten nach bauchwärts, wo sie den angesaugten Fischen gleichzeitig als Ein- und Austrittsöffnung des Atemwassers dienen. Der Vorgang ist besonders markant zu sehen, wenn sich die Tiere an einer veralgten Aquarienscheibe festgesaugt haben und sich an ihr, den grünen Belag abraspelnd, vorwärtsbewegen.

Die lange Zeit als »Algenfresser« überschätzte Siamesische Saugschmerle (*Gyrinocheilus aymonieri*) »löste« das Atmungsproblem auf andere Weise. Sie nimmt das Atemwasser über zwei Öffnungen auf, die seitlich des Nackens liegen.

44/1 In der Gunst der Aquarianer haben *Ancistrus*-Arten die Saugschmerle abgelöst. Sie leisten als Algenvertilger Beachtliches, obwohl sie daneben auch tierische Nahrung wie Daphnien und Cyclops vom Boden aufnehmen.

Eine besondere Vorliebe haben diese Fische für Holz. Moorkienwurzeln, die häufig zur Dekoration verwendet werden, raspeln sie in kurzer Zeit merklich dünner.

Es scheint, daß die Antennenwelse neben den Algen das Holz brauchen. Möglicherweise verschaffen sich die Fische durch die reichliche Aufnahme notwendige Ballaststoffe. Es gibt auch Erfahrungen, daß der Holzverzehr für die Zucht erforderlich ist. Fehlt es im Aquarium, leiden die Tiere an Mangelerscheinungen. Bei der Einrichtung des Beckens muß das beachtet werden. Zur Ernährung der *Ancistrus* dürfen neben Algen — ersatzweise kurz überbrühter Salat oder Spinat — Moorkienwurzeln nicht fehlen.

Pflanzliche Kost brauchen auch einige Salmler-Arten. Erhalten sie die nicht im ausreichenden Maße durch ihren Pfleger, kann es leicht geschehen, daß sie einen Teil der schönen Aquarienbepflanzung als Futter betrachten.

Scheibensalmler der Gattungen *Myleus* und *Metynnis* wurden schon beobachtet, wie sie sich ihre pflanzliche Kost von den Blättern eines Philodendron holten, die ins Aquarienwasser hingen. Als der eingetauchte Teil der Blätter verbraucht war, setzten sie ihre Mahlzeit über Wasser fort. Sie sprangen zuletzt ein beträchtliches Stück über die Wasseroberfläche hinaus, um an ihre Nahrung heranzukommen.

Als Beikost werden höhere Wasserpflanzen auch von verschiedenen Cichliden-Arten gern genommen. Dem Keilfleckbuntbarsch (*Uaru amphiacanthoides*) sollte man z. B. möglichst auch Salatblätter anbieten.

Häufiger aber beruht die Behauptung, daß Cichliden Wasserpflanzen fressen, auf ungenauen, oberflächlichen Beobachtungen. Tatsächlich wird man vor allem bei größeren Cichliden-Arten beobachten können, daß sie Pflanzenblätter, ja ganze Stengel abreißen und Pflanzen, wenn sie nicht sehr fest eingewurzelt sind, mitsamt den Wurzeln herauszupfen. Die Reste schwimmen dann zum Ärger des Aquarianers im Becken umher.

Die Cichliden fressen aber die abgebissenen Pflanzen gar nicht. Sie haben sie nur »beiseitegeräumt«, weil sie bei der Ausgestaltung ihres Reviers im Wege waren. Deshalb tritt diese Verhaltensweise verstärkt in der Fortpflanzungsphase auf, wenn die Tiere Laichgruben ausheben.

Vor allem bei robusten Großcichliden ist es deshalb angebracht, auf eine Bepflanzung zu verzichten. Mindestens müssen die unter Umständen noch möglichen derbblättrigen Pflanzenarten durch Steinabdeckungen des Wurzelbereichs vor Grabeversuchen der Fische geschützt werden. Das immer wieder zu empfehlende große Aquarium, das zwischen wenigen kräftigen Pflanzen Raum für die Revierbildung freiläßt, erhöht die Chancen, daß die Pflanzen »ungefressen« bleiben.

Cichliden sind – von den spezialisierten Algenfressern unter ihnen abgesehen – überwiegend auf tierische Nahrung eingestellt. Das beweist auch der Bau ihrer Verdauungsorgane. Sie besitzen den kurzen Darm der »Fleischfresser«, im Gegensatz zu den spezialisierten Pflanzenfressern, bei denen er lang, schleifenförmig, mitunter sogar spiralig aufgerollt, die Leibeshöhle ausfüllt.

Manchmal werden Cichliden von Aquarianern als Raubfische bezeichnet, weil sie bei Gelegenheit kleinere Fische fressen. Häufig fallen ihnen Jungfische zum Opfer, die in ihre Nähe geraten sind.

Aber das gleiche Verhalten ist auch beim Guppy, dem Schwertträger oder beim Neonsalmler zu beobachten, und niemand kommt auf den Gedanken, sie deshalb als Raubfische einzuordnen.

Das beweist zunächst nur, daß der Begriff »Raubfisch« sehr unscharf ist und für die Klassifizierung mit Vorsicht angewendet werden sollte – wie übrigens auch die bei Anglern übliche Bezeichnung »Friedfisch« als Gegensatzbegriff.

Wer seine Fische beim Fressen aufmerksam beobachtet, weiß, daß sie ihre Beute im
83/4, 6, 7 ganzen herunterschlingen, ganz gleich, ob es sich um einen Wurm, eine Mückenlarve oder einen Fisch handelt. Manchmal übernehmen sie sich dabei, und das halbverschlungene Futtertier
81 hängt noch längere Zeit aus dem Maul heraus, bis
82/1–3 es endlich mit krampfhaften Schluckbewegungen in den Magen befördert werden kann. Gelegentlich kommt es sogar vor, daß der zu gierige Fresser an einem zu großen Brocken erstickt. Fische müssen vorher einschätzen können, ob ein Futterbrocken bewältigt werden kann; sie können ihr Futter nicht in schluckgerechte Bissen zerteilen. Ihre Gebißform und die Bezahnung sind nicht darauf eingerichtet. Sie erlauben ihnen nur, die Beute festzuhalten, und selbst das gelingt vielen Fischen nur unvollkommen.

So viele unterschiedliche Gebißstrukturen und Zahnformen in der evolutionären Entwicklung der Fische entstanden sind, nur ausnahmsweise finden sich darunter solche, die ein Zerteilen der Nahrung ermöglichen.

Manche Haie, keineswegs alle, wie gewöhnlich angenommen wird, verfügen über entsprechende Gebisse, und aus Taucherfilmen sind die merkwürdigen, seitlich schleudernden Bewegungen des Kopfes bekannt, mit denen sie Stücke aus großen Beutetieren herausreißen.

Unter den Süßwasserfischen sind es die zu den Sägesalmlern gehörenden Piranhas, die auf ähnliche Weise Beute machen. Mit ihren messerschar- 49/5, 6
fen Zähnen, unterstützt durch die überaus kräftigen Kiefer und die starke Kiefermuskulatur, »schneiden« sie große Stücke aus ihren Opfern.

Es wird behauptet, daß Piranhas im Schwarm selbst Menschen anfallen sollen.

Bei Fahrten auf brasilianischen Flüssen, in denen Piranhas sehr zahlreich waren, aber sah ich einheimische Kinder unbeschwert baden. Ich konnte es auch nicht lassen und angelte sogar, bis zum Bauch im Wasser stehend, einen Piranha nach dem anderen.

Zugegeben, es war mir anfangs, die gruseligen Geschichten über Piranhaüberfälle im Gedächtnis, nicht ganz geheuer. Zum anderen hatte ich es in diesem Gebiet nicht mit der aggressiven Art zu tun. Von zuverlässigen Zeugen hörte ich aber auch, daß selbst im Orinoco-Gebiet, wo der als besonders blutrünstig verrufene Rote Piranha (*Serrasalmus nattereri*) vorkommt, das Baden im Fluß üblich ist.

Meine Erfahrungen mit *Serrasalmus nattereri* im Aquarium bestärkten zwar den Respekt vor dem fürchterlichen Gebiß dieser Tiere, nicht aber vor ihrer angeblichen Angriffslust. Im Grunde bissen sie nur dann um sich, wenn sie sich bedroht fühlten, während sie sonst eher scheu und ängstlich wirkten.

Bei der Fütterung mit großen Futterfischen aber zeigten die Piranhas, wozu sie imstande sind. Zuerst gehen ihre Angriffe in Richtung des Bauches, aus dem sie große Stücke herausreißen. Man hört dabei wirklich »die Knochen knacken«. Nach kurzer Zeit ist von dem angegriffenen Fisch auch der letzte Rest verschwunden.

Zur Beute der Piranhas werden vor allem solche Tiere, die sich anomal bewegen oder verletzt sind. Blutgeruch nehmen die Piranhas auf große Entfernungen wahr, und er scheint bei ihnen den Angriff auszulösen.

Blutende Wunden können dann wohl auch einem größeren Säugetier zum Verhängnis werden. Einem Schwarmangriff Hunderter Piranhas entkommt das Opfer dann nicht mehr.

Wer das im kleinen einmal im Aquarium gesehen und die unerhörte Erregtheit und Hast der Angriffe beobachtet hat, kann sich das wohl vorstellen.

Die angebliche Gefahr für den Menschen ist aber zweifellos übertrieben, und die meisten der sensationslüsternen Berichte über tödliche Unfälle durch Piranhas gehören ins Reich der Fabel.

Zur Aquarienhaltung sind Piranhas zwar durchaus geeignet, man muß aber ihren besonderen Lebensansprüchen ausreichend Rechnung tragen. Ein sehr großes Becken ist schon deshalb erforderlich, weil die Tiere als starke Fresser durch ihre Ausscheidungen das Wasser stark belasten. Sauerstoffzehrende Umsetzungsprozesse machen es schnell ungeeignet, es beginnt unangenehm zu riechen. Häufiger Wasserwechsel ist dringend erforderlich.

Jungtiere fressen auch Daphnien und Insektenlarven, bald aber brauchen sie Fische als Nahrung. Kleinere Futtertiere wie Guppyweibchen verschwinden unzerkleinert im gefräßigen Maul. Größere Fische sollte man vor dem Verfüttern abtöten — es ist nicht jedermanns Sache zuzuschauen, wie aus einem lebenden Fisch Stücke herausgebissen werden.

Aus eigener Erfahrung rate ich davon ab, in den Becken mit der Hand zu arbeiten. Zu schnell können sich die Tiere bedrängt fühlen und zubeißen. Dabei spielt es keine große Rolle, ob es sich noch um Jungtiere von wenigen Zentimetern Größe oder schon um ausgewachsene Exemplare handelt — die Bißwunden sind in jedem Fall recht unangenehm. Größere Tiere können auch nicht mehr mit einem normalen Netz herausgefangen werden. Sie beißen es durch. Am besten verwendet man ein großes stabiles Sieb, das beim Herausnehmen mit einem zweiten abgedeckt wird.

Kugelfische sind im Vergleich zu den Piranhas ungefährliche, harmlose Tiere, aber ihr Gebiß — wieder eine völlig anders geartete Spezialentwicklung — kann bei der Aquarienhaltung Probleme bringen.

Ihre Zähne sind zu vier scharfen Leisten, je zwei am Ober- und Unterkiefer, zusammengewachsen und geben dadurch dem Gebiß eine gewisse Ähnlichkeit mit einem Papageienschnabel. Diese für einen Fisch bemerkenswerte Struktur ist eine ausgezeichnete Anpassung an ihre natürliche Nahrungsgrundlage. Kugelfische fressen fast ausschließlich hartschalige Muscheln und Schnecken. Mit ihrem »Papageien«gebiß knakken sie die Schutzschalen ihrer Nahrungstiere. Die Abnutzung der Zähne wird dadurch ausgeglichen, daß sie ständig nachwachsen. Fehlt im Aquarium die natürliche Nahrung, wachsen die Zähne aus dem Maul heraus, das Tier kann 92/1
schließlich nicht mehr fressen. Seine Zähne müssen dann regelrecht beschliffen oder abgekniffen werden. Will man Kugelfische halten, sind Schnecken im Aquarium unbedingte Notwendigkeit. Die sehr vermehrungsfreudigen Turmdeckelschnecken (*Melanoides tuberculata*) bieten sich dafür besonders an.

Eine Erkenntnis aus Beobachtungen in den Herkunftsgebieten unserer Zierfische scheint mir für die Fütterung im Aquarium besonders wichtig. Das Futterangebot in den Heimatbiotopen ist oft über längere Zeiträume sehr gering. Zu anderen Zeiten tritt ein außerordentliches Überangebot ein. Die Fortpflanzungsperioden der Fische stehen damit in einem ursächlichen Zusammenhang.

Eigene sorgfältige Aquarienbeobachtungen ergaben, daß sehr sparsam gefütterte Fische nach kurzer Zeit reichlicher Futtergaben schnell Laich ansetzten und dann auch problemlos ablaichten. In der üblichen Aquarienpraxis mit gleichbleibend guter und regelmäßiger Fütterung liegt eine

Gefahr. Viele Fische sind ständig in Laichstimmung, laichen zu allen Jahreszeiten, auch in den Monaten, in denen sie in ihren Heimatgebieten auf Grund des geringen Nahrungsangebots nicht dazu in der Lage sind.

Nach meiner Auffassung sind manche Probleme in der Zucht darauf zurückzuführen, daß diese im natürlichen Lebensrhythmus der Fische liegenden Unterschiede im Nahrungsangebot nicht beachtet werden. Die regelmäßig gut gefütterten Tiere verfetten und sind dann zur Zucht nicht mehr zu gebrauchen.

Ein gutes Beispiel, durch eigene Erfahrungen gestützt, bietet der Rote Neon (*Cheirodon axelrodi*), der ja noch immer bei der Zucht als ein wenig heikel gilt. Ich habe die Tiere oft nachgezogen, und zwar immer mit Wildfängen oder solchen Tieren, die ich mir selbst aus sehr kleinen Jungfischen aufzog. Von anderen Aquarianern weiß ich, daß sie bei ihren ersten Versuchen mit dem Roten Neon Erfolg hatten, mit Nachzuchttieren aber nicht mehr. Ich bin überzeugt, daß mäßige, wenn nicht sogar sehr spärliche Fütterung über längere Zeit Abhilfe schaffen würde. Meine Erfahrungen und übereinstimmende Beobachtungen aus den natürlichen Vorkommensgebieten bestärken mich dabei. Sicher ist das auch auf andere Fischarten zu übertragen — Versuche in dieser Richtung sollten sich lohnen.

Das Trockenfutter, in welcher Form und unter welchen Markenzeichen auch immer angeboten, ist unter diesem Gesichtspunkt noch einmal zu betrachten.

Die Fische nehmen es augenscheinlich gern auf, viele Arten gedeihen auch, nur mit Trockenfutter ernährt, gut und schreiten sogar zur Fortpflanzung, was immer als Beweis für einen normalen Körper- und Ernährungszustand gewertet werden kann. Auch die Aufzucht von Jungfischen gelingt bei manchen Arten mit fein zerriebenem Trockenfutter oder speziell hergestelltem sogenannten Aufzuchtfutter dem Anschein nach problemlos.

Trockenfutter ist also keinesfalls zu verteufeln. Auch unter natürlichen Bedingungen besteht die Nahrung der Fische nicht nur aus lebenden Futtertieren oder natürlichen pflanzlichen Organismen. Sie nehmen alles auf, was verwertbar ist.

Das Trockenfutter besteht aus tierischen und pflanzlichen Rohstoffen, die durch unterschiedliche Zusammensetzung und Mischung, häufig auch mit speziellen Zusätzen, auf die Bedürfnisse der Fische abgestimmt sind. Bei falscher Anwendung in der Aquarienpraxis birgt es aber Gefahren. Nicht nur, daß zu reichliche Gaben, die von den Tieren nicht in kurzer Zeit bewältigt werden können, schnell das Wasser verderben, es ist auch ein konzentriertes »Kraftfutter«. Bei ausschließlicher und zu reichlicher Ernährung damit sind die Tiere von Verfettung bedroht, mit allen Konsequenzen für ihre Fortpflanzungsfähigkeit und ihre allgemeinen Lebenserwartungen.

Das übliche Lebendfutter, vor allem Daphnien, ist dadurch günstig, daß die Fische damit zwar viel Masse, aber wenig Inhaltsstoffe aufnehmen.

Für die Jungfischaufzucht ist Lebendfutter fast immer von Vorteil, in vielen Fällen sogar unabdingbar. Besonders in den ersten Lebenswochen kann dadurch ein gleichmäßiges Wachstum gesichert werden. Jungfische sind in der Regel auf Nahrung orientiert, die sich bewegt. Erst nach Tagen lernen sie, daß auch im Wasser schwebende oder am Boden liegende Nahrungspartikel gefressen werden können. Bei Fütterung mit Trockenfutter ist deutlich zu beobachten, daß die Jungfische erst das langsam zu Boden sinkende Futter aufnehmen, ehe sie auch an das herangehen, das noch an der Oberfläche schwimmt oder schon am Boden liegt. Am Boden liegendes Futter wird außer von Bodenfischen offensichtlich nicht gern aufgenommen, ein weiterer Grund zu sparsamer Fütterung mit Trockenfutter.

Aus den Beobachtungen des Freßverhaltens der Fische in der Natur und den unter diesen Bedingungen teilweise extremen Unterschieden im Futterangebot ist im übrigen auch die Antwort auf eine Frage zu finden, die Aquarianer wenigstens einmal im Jahr bewegt: Was wird während des Urlaubs mit dem Aquarium, wie ist die Fütterung zu sichern?

Es gibt zu diesem Zweck schon Futterautomaten, die täglich eine dosierte Menge Trockenfutter liefern, und in den Fachzeitschriften werden immer wieder einmal noch bessere, noch sicherere Methoden dieser automatischen Fütterung angepriesen. Und es soll sogar Aquarianer geben, die dem Automaten die Fütterung regelmäßig überlassen.

Abgesehen davon, daß man gerade während der täglichen, wenn möglich mehrmaligen, knappen Fütterung seine Tiere am besten beobachten kann und aus der Art und Weise, wie sie fressen, Schlüsse auf ihr Befinden ziehen kann, gibt es auch für die Urlaubszeit andere Lösungen.

Bei großen Becken mit wenigen Fischen – was generell aus verschiedenen Gründen den überbesetzten Behältern vorzuziehen ist – gibt es überhaupt keine Probleme. Die Fische kommen längere Zeit mit sehr wenig Nahrung aus, und in großen alteingerichteten Becken finden sie immer noch etwas Freßbares. Hauptsächlich werden die Fische in dieser Zeit Algen und andere pflanzliche Nahrung zu sich nehmen, auch wenn sie sonst lebendes Futter vorziehen sollten.

Die Wochen vor dem Urlaub sollte man etwas reichlicher füttern, aber trotzdem immer nur so viel, daß alles in kurzer Zeit gefressen wird. Zwei Tage vor der Abfahrt wechselt man dann noch das Wasser fast vollständig. Ich lasse dabei das Wasser so weit ab, daß die Tiere gerade noch bedeckt bleiben.

Mit frischem, temperiertem Wasser wieder aufgefüllt, kann das Aquarium ganz sicher die Urlaubszeit ohne Wartung bleiben. Eine zusätzliche Heizung wird im Sommer sowieso nicht gebraucht, und nur die Beleuchtung sollte über eine Zeitschaltuhr für etwa zwölf Stunden täglich eingeschaltet werden.

Die letzte Fütterung nimmt man am besten nicht nach dem Motto »viel hilft viel« vor, sondern normal, wie gewöhnlich. Nach der Urlaubsfahrt wird man seine Tiere ebenso gesund und munter vorfinden, wie man sie verlassen hat.

Es ist nicht erforderlich, nach dieser Pause besonders reichlich zu füttern. Im Gegenteil, es ist besser, mit geringen Gaben zu beginnen, damit sich die Verdauungsorgane der Fische wieder auf das größere Angebot einstellen können.

Bei kleinen und überbesetzten Becken oder bei einem Aufzuchtbecken mit einem großen Jungfischschwarm geht es natürlich nicht nach dieser Methode.

Jungfische müssen ständig gefüttert werden. Sie bleiben sonst im Wachstum zurück und können das über lange Zeit nicht wieder aufholen. In einem solchen Fall muß man sich doch fremder Hilfe versichern – am besten, man gewinnt einen befreundeten Aquarianer für diese Aufgabe.

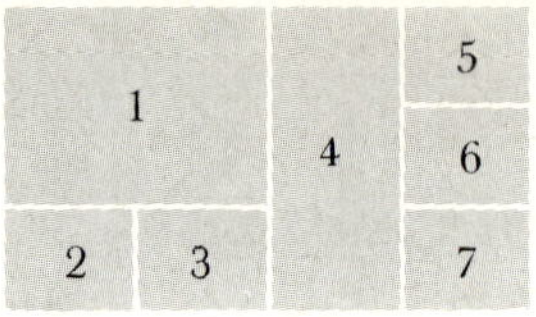

1 Beim Vorstülpen des Maules wird sichtbar, was durch dieses Maul hindurchpaßt

2 Nach dem Zuschnappen bewegt sich der Beutefisch noch,

3 . . . wird aber Stück um Stück weiter hinuntergeschlungen

4 Eine Goldringelgrundel (*Brachygobius nunus*) hat eine rote Mückenlarve erbeutet und müht sich, sie herunterzuschlingen

5 Das mit vielen kleinen Zähnen bestückte Maul eines Stoßräubers – der aus dem südostasiatischen Raum stammende *Xenentodon cancila* gehört zu den Halbhechten

6 Ein Honiggurami (*Colisa chuna*) (gelbe Mutante) starrt auf die in diesem Augenblick unbewegliche weiße Mückenlarve

7 Sowie sich diese wieder bewegt, schnappt der Fisch zu

Vorstehende Seite: *Petenia splendida* verschlingt einen Schwertträger. Der Beutefisch wird nicht zerkleinert, sondern im Ganzen verschluckt

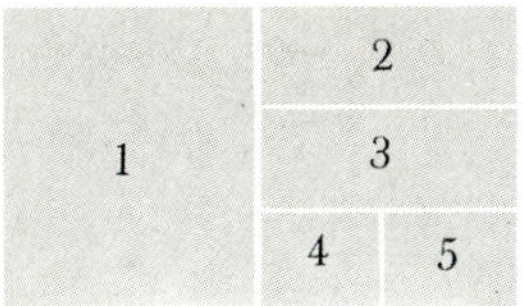

1 Beim Beutefang stülpt der Blattfisch (*Monocirrhus polyacanthus*) das Maul weit vor und saugt die Beute regelrecht ein. Er ist in der Lage, seine Färbung stark der Umgebung anzupassen und wirkt dann wie ein im Wasser treibendes Blatt

2 Ein Hechtkärpfling (*Belonesox belizanus*) verschlingt seine Beute

3 Ein Hechtsalmler (*Ctenolucius hujeta*) dreht den Beutefisch zuerst so, daß er mit dem Kopf voran verschlungen werden kann

4 Männchen und Weibchen von *Belonesox belizanus* streiten sich um einen Beutefisch

5 Wegen eines anwesenden Rivalen wurde der Beutefisch nicht erst mundgerecht gedreht und bereitet nun Schwierigkeiten beim Hinunterwürgen

1	3
2	4

1 Die sogenannten Erdfresser nehmen das Maul voll Bodengrund und kauen diesen durch. Freßbares wird heruntergeschluckt und dann der Sand wieder ausgespuckt

2 Der Steinfisch ist kaum als Fisch auszumachen. Futterfische, die ahnungslos in die Nähe seines Maules schwimmen, werden blitzschnell ins Maul gesogen

3 Auch der Leopard-Buschfisch (*Ctenopoma acutirostre*) saugt aus einem sicheren Versteck heraus blitzschnell Beutetiere ins Maul

4 Der Großmaulwels (*Chaca chaca*) »angelt« seine Beute, indem er die Barteln am Maul bewegt. Berührt ein Fisch einen der »Würmer«, wird er selbst zum Opfer

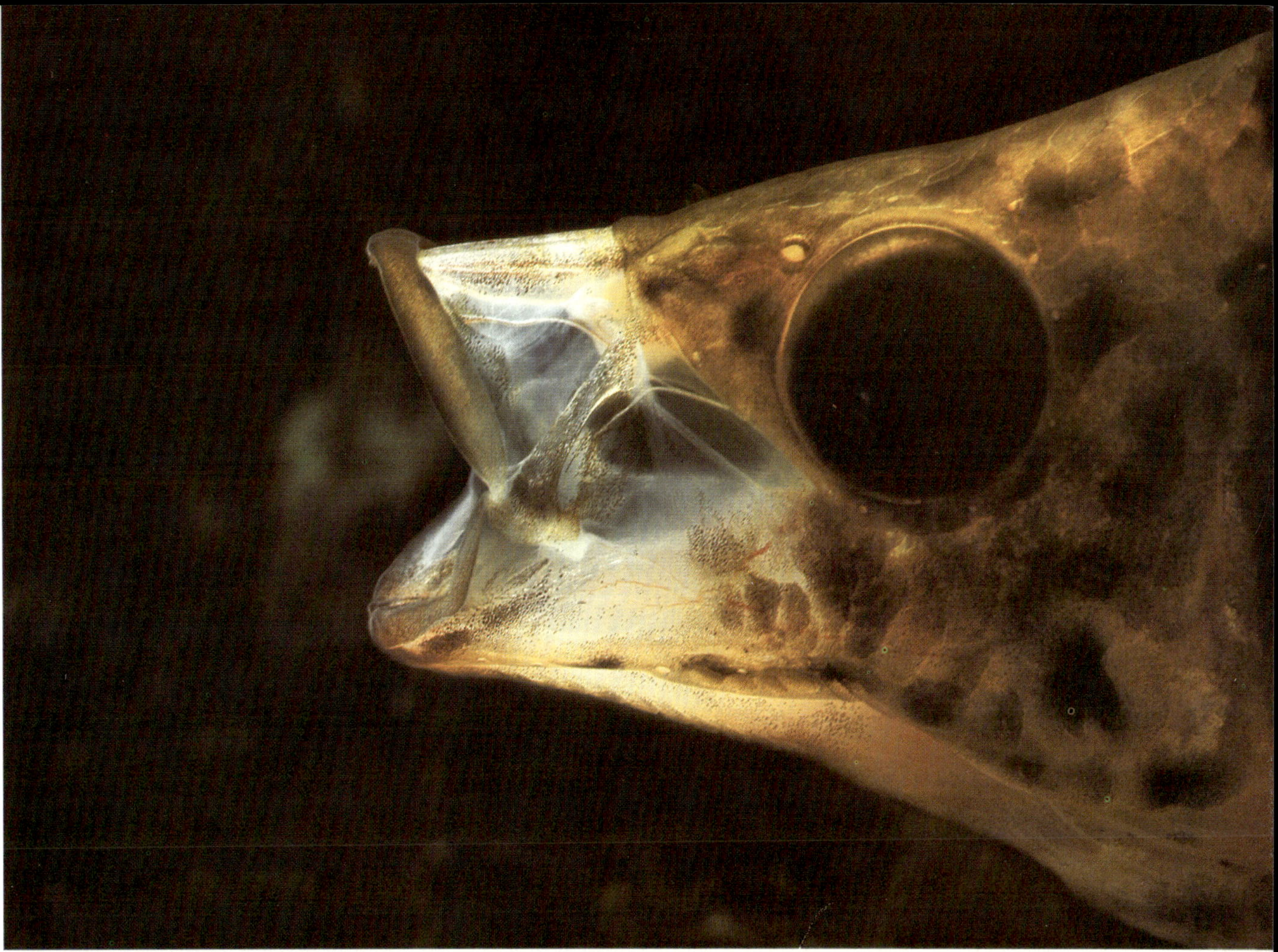

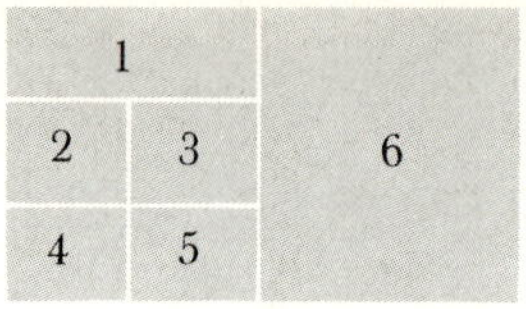

1 Fiederbartwelse, hier der Perlhuhnwels (*Synodontys angelicus*), suchen als nachtaktive Tiere das Futter mit den Barteln

2 Dieser bisher wissenschaftlich noch nicht bestimmte Wels trägt am Ende der Oberkieferbarteln ein spezielles Geruchsorgan

3 Barteln dienen auch den Panzerwelsen (*Corydoras paleatus*)

5 und den Schwielenwelsen (*Hoplosternum magdalenae*) zur Orientierung auf das Futter

4 Der Elefantenrüsselfisch (*Gnathonemus petersii*) ist zur Futtersuche im Bodengrund mit einem Kinnfortsatz ausgerüstet

6 Der Wimpelpiranha (*Catoprion mento*) ist kein echter Piranha. Er ernährt sich u.a. auch von den Schuppen anderer Fische

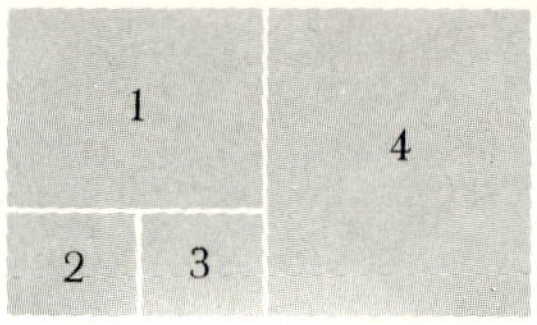

1 *Corydoras barbatus*

2 *Haplochromis labrosus* aus dem Malawisee weidet mit seinen dicken, umgestülpten Lippen große Algenrasen ab

3 Das feinbezahnte Maul des Küssenden Gurami (*Helostoma temminckii*). Mit ihm werden Algenrasen »durchgekämmt« und die darin enthaltenen Kleinlebewesen aufgenommen

4 Das unterständige Maul der Brabantbuntbarsche aus dem Tanganjikasee (*Tropheus moorii*) begünstigt diese Ernährungsweise. Die Fische können fast in normaler Schwimmlage Aufwuchs fressen, während andere Fische dabei »auf dem Kopf stehen« müssen

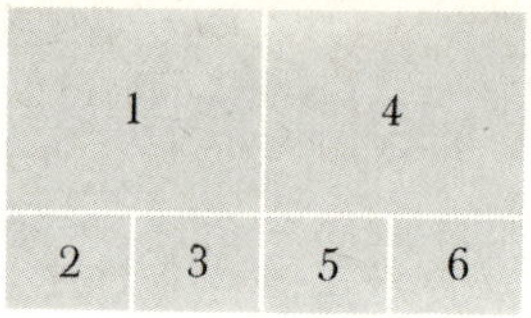

1 Ein Kugelfisch (*Colomesus psittacus*) mit Zahnproblemen. Normalerweise nutzen sich die Zähne beim Aufbeißen von Schneckengehäusen kontinuierlich ab. Diesem Aquarien-Exemplar fehlten die natürlichen Futtertiere. Die Zähne sind zu lang geworden und behindern nun das Tier beim Fressen

2 Guppys sind keine Raubfische, aber in »Dürrezeiten« vergreifen sie sich schon an den soeben geborenen Jungfischen

3 Bodensalmler der Gattung *Characidium* suchen den Bodengrund unter den im Wasser liegenden Blättern nach Nahrungstieren ab, die sich hier in großer Anzahl aufhalten

Killifische der Gattungen *Nothobranchius* und *Aphyosemion* ernähren sich vorwiegend von Mückenlarven und Anflugnahrung.

4 *Nothobranchius foerschi*

5 *Aphyosemion bivittatum*

6 *Aphyosemion striatum*

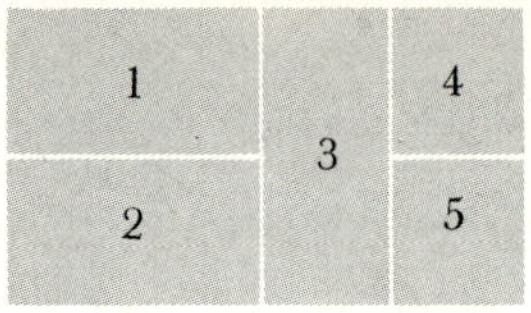

1 *Spathodus erythrodon* aus dem Tanganjikasee ist ein reiner Bodenbewohner und frißt Algen und die darin existierende Mikrofauna. Sein Gebiß ist speziell dazu eingerichtet

2 Mit dem großen, dicklippigen Maul suchen die *Steatocranus tinanti* am Bodengrund schnellfließender Gewässer ihre Nahrung

3 Auch der Schleierschwanz findet seine Nahrung hauptsächlich am Bodengrund

4 *Exodon paradoxus* reißt mit seinem starken Gebiß Schuppen und Fleischteile von seinen Beutefischen. Er gehört zu den räuberisch lebenden Salmlern

5 Der Schützenfisch (*Toxotes jaculatrix*) wendet eine besondere Methode zum Beuteerwerb an. Er »schießt« Insekten mit Wassertropfen von Blättern und Zweigen

Folgende Seite: Cichliden wie *Aequidens* spec. *latifrons* (?) sind Bewohner bodennaher Regionen und ernähren sich auch hauptsächlich von Futtertieren dieser Biotope. Garnelen dürften die Hauptnahrung darstellen

Kämpfe der Fische – notwendig, aber fair

Auseinandersetzungen, Kämpfe zwischen den Fischen, sind im Aquarium oft zu beobachten. Manchmal jagt ein Einzelexemplar alle übrigen Beckenbewohner, die in sein Gesichtsfeld geraten, kreuz und quer durch das Wasser, bis es den Verfolgten gelingt, sich irgendwo in den Pflanzendickichten zu verbergen. Häufiger aber sieht man Fische der gleichen Art, die sich androhen, mit gespreizten Flossen einander umschwimmen, erregt zuckend oder mit dem ganzen Körper wedelnd dem Gegner zu imponieren suchen, maulzerrend den anderen abzudrängen bemüht sind.

Bekanntestes Beispiel für kämpfende Fische sind – schon durch den Namen unmißverständlich charakterisiert – die sogenannten Kampffische (*Betta splendens*), die einander die Flossen zerfetzen, sich mit heftigen Bissen attackieren, gelegentlich – wenn die Bedingungen eine Flucht des unterlegenen Tieres nicht zulassen – bis zum Tode eines Kontrahenten.

In Thailand und Kampuchea, dem Heimatgebiet der Kampffische, wurden und werden auch heute noch besonders kämpferisch veranlagte Tiere herausgezüchtet, die dann zu öffentlichen Wettkämpfen in einem Aquarium – oft ist es nicht mehr als ein größeres Gurkenglas – zusammengebracht werden. Auf den vermutlichen Sieger der nun folgenden Auseinandersetzung werden wie beim Hahnenkampf Wetten abgeschlossen. Für die Fische – es sind in diesem Falle immer die Männchen, die ererbte Verhaltensmuster demonstrieren – bedeuten diese Auseinandersetzungen regelrechte Gladiatorenkämpfe, die mit mehr oder weniger schweren Verletzungen, manchmal auch mit dem Tode enden.

Man mag zu dieser Art »Sport« stehen wie man will – zunächst erhebt sich die Frage: Was veranlaßt die Kampffisch-Männchen zu solchen kämpferischen Auseinandersetzungen? Warum kämpfen Fische überhaupt?

Die Verhaltensforschung hat in sorgfältigen Untersuchungen das Material zur Erklärung dieser Verhaltensweisen bereitgestellt. Für die Bezeichnung der verschiedenen Formen innerartlicher und zwischenartlicher Auseinandersetzung hat sich der Begriff Aggression oder aggressives Verhalten durchgesetzt. In diesem wertfreien Sinn wird der Terminus Aggression auch im folgenden verwendet, ungeachtet der Tatsache, daß der Begriff durch unzulässige Analogieschlüsse von tierischen auf menschliche Verhaltensweisen belastet ist.

Ohne auf die in Nuancen differierenden Erklärungen zum aggressiven Verhalten hier einzugehen: als letzter Beweggrund stellt sich immer wieder heraus, daß es bei den Kämpfen der Tiere in der Natur um die Erhaltung der Art geht.

Das erscheint, bezogen auf das Beispiel der erbittert kämpfenden *Betta splendens*, widersinnig. Was hat dieser Gladiatorenkampf, der die Sensationslust der menschlichen Beobachter befriedigt, mit dem naturgesetzlichen »struggle for live« zu tun?

Bleiben wir bei unserem Beispiel und setzen unsere Beobachtungen unter veränderten Bedingungen fort. Halten wir Kampffische in einem geräumigen Aquarium unter Verhältnissen, die ihren natürlichen Lebensbedingungen möglichst nahekommen, erleben wir bald, daß die Kampffisch-Männchen an verschiedenen Stellen und in bestimmten Abständen voneinander an der Wasseroberfläche ihre Schaumnester bauen. Sie sind fortwährend damit beschäftigt und beachten anscheinend den ebenfalls eifrig Schaumperlen produzierenden Nachbarn gar nicht. Was geschieht aber, wenn ein Männchen die unsichtbare Reviergrenze überschreitet? Der Revierbesitzer, der an seinem Schaumnest baut, schwimmt dem 106/1,4 Eindringling mit gespannten Flossen und abgespreizten Kiemendeckeln entgegen. Sind die Tiere als Nachbarn miteinander bekannt, so ist ihnen aus vorangegangenen Plänkeleien die Stärke des anderen nicht fremd. Das Männchen, das in ein fremdes Territorium eingedrungen ist, zieht sich angesichts des drohenden Aussehens des Reviernachbars sofort zurück — seine Fluchtbereitschaft ist unter diesen Umständen größer als die Bereitschaft zum Kampf.

Setzen wir aber ein fremdes Männchen in das Aquarium, so wird es sich in der Regel nicht zurückziehen. Es sucht ein Revier und ist auch bereit, es sich zu erkämpfen. Mit »Imponiergehabe« — Flossen aufgestellt, den Kiemensack aufgebläht, die Kiemendeckel seitwärts abgespreizt — schwimmt es auf den unbekannten Revierbesitzer zu. Beide stehen sich einen Moment »Auge in Auge« gegenüber. Aus diesem »Frontaldrohen« schwimmen die Kontrahenten in die Antiparallelstellung, d. h. auf kurzen seitlichen Abstand nebeneinander, so daß sich der Kopf des einen Männchens neben der Schwanzflosse seines Gegners befindet. Heftig, ruckartig mit dem gespannten Körper und der gespreizten Schwanzflosse wedelnd, werfen sich die Fische einen Schwall Wasser entgegen. Ihr Seitenlinienorgan registriert den Wasserdruck und signalisiert damit die Stärke des Kampfpartners.

Häufig endet das Kräftemessen bereits an diesem Punkt; der schwächere Partner, der seine Unterlegenheit an der Stärke der Druckwellen ermißt, die seinen Körper treffen, legt die Flossen an und schwimmt davon.

Ist die Differenz zwischen den Kampfpartnern jedoch nicht so deutlich, geht der Kampf in die »zweite Runde«. Wieder schwimmen die Kontrahenten aufeinander zu, die Kiemendeckel extrem stark abgespreizt. Die dunklen Flecke auf den Kiemendeckeln täuschen größere Augen vor, ein nach unten herausgeklappter Kiemenlappen vergrößert den Kopf der Fische noch mehr. Bringt auch dieses »Imponieren mit Maske« keine Entscheidung, tritt die Auseinandersetzung in die nächste Phase. Nach kurzen, ruckhaften Umkreisungen kommt es zum Maulzerren und danach auch zu Beißereien, die zunächst und bevorzugt den Flossen gelten. Bei den auf lange, wallende Behänge gezüchteten Kampffischen klaffen schon nach kurzer Zeit große Risse in der Afterflosse, später auch in Schwanz- und Rückenflossen. Zerschlitzte Flossen sind aber noch keine lebensbedrohlichen Verletzungen, und sorgfältige Beobachtungen lassen erkennen, daß wirklich schwere Verwundungen, der tödliche Angriff, im Programm der Auseinandersetzung nicht vorgesehen sind. Muß nämlich während des Kampfes eines der Tiere zum Luftschöpfen an die Wasseroberfläche, wird es nicht angegriffen. Das luftholende Männchen hat die Flossen angelegt und stellt sich dem Gegner — mit dem Kopf nach oben — in »Demutshaltung« dar. Im Verhaltensinventar der Kampffische löst diese Position eine Beißhemmung des anderen Tieres aus. Es greift nicht an, obwohl das luftholende Männchen in dieser Situation völlig wehrlos ist. Erst wenn es von der Wasseroberfläche zurückkehrt, erneut die Flossen spreizt und die drohende Kopfmaske vorweist, wird bei dem bis dahin abwartenden Parner wieder die Aggression ausgelöst — der Kampf geht weiter.

Nach kürzerer oder längerer Zeit gibt dann gewöhnlich das Männchen auf, das die meisten Bisse einstecken mußte. Es entzieht sich der weiteren Auseinandersetzung durch Flucht aus dem

Revier des Siegers. Und es wird in der Regel nicht weiter verfolgt — der Gewinner wendet sich wieder seinem Schaumnest zu, wo er nahezu übergangslos an die Ausbesserungsarbeiten geht.

Solche Aquarienbeobachtungen unter »natürlichen« Bedingungen lassen nun auch den oft tödlichen Ausgang der »Wettkämpfe« der *Betta splendens* in Thailand verstehen. Abgesehen davon, daß dort Züchter über Generationen weitergegebene Erfahrungen nutzen, um besonders kräftige Tiere herauszubringen, die stundenlang kämpfen und nicht schwach werden, sind die Tiere zum tödlichen Duell einfach gezwungen. Der Schwächere kann unter den völlig unnatürlichen Bedingungen des beengten Raumes den Kampfplatz nicht verlassen. Die im Verhaltensinventar programmierte Flucht kann nicht realisiert werden. Der stärkere Rivale muß bis zum Ende »annehmen«, daß sein Gegner nicht aufgeben »will«. »Aufgeben« bedeutet aber in der Natur gewöhnlich Flucht, Flucht aus einem besetzten Revier, das für ein weiteres Tier keinen Platz bietet.

Mit dem Begriff »Revier« wird in diesem Zusammenhang der Raum bezeichnet, den ein Tier für die Fortpflanzung, die Eiablage und den Schutz des Geleges und der schlüpfenden Embryonen benötigt. Es muß ein Mindestangebot an Futter bieten, das den geschlüpften und heranwachsenden Jungfischen hinreichende Entwicklungsbedingungen gewährleistet. Tatsächlich scheint das Nahrungsangebot einer der Faktoren zu sein, von denen die Größe des beanspruchten Reviers abhängt — zumindest lassen das die Ergebnisse von Experimenten und entsprechende Freilandbeobachtungen vermuten.

Dieser Faktor spielt offenbar eine um so größere Rolle, je länger die Brutpflege ausgedehnt wird. Bei den Kampffischen wie überhaupt bei den verwandten Labyrinthfischen fällt er dagegen nicht so sehr ins Gewicht. Ihre Jungfische sind nicht unbedingt auf das Nahrungsangebot im Männchenrevier angewiesen — sie sind sofort nach dem Freischwimmen selbständig und verlassen das Revier. Das bis dahin brutpflegende Männchen (bei manchen Arten ist auch das Weibchen an der Brutpflege beteiligt) kümmert sich nicht mehr um die Brut und widmet sich erneut dem Schaumnestbau. Aggressives Verhalten, Kampfverhalten von Fischen ergibt sich also zwangsläufig aus der Notwendigkeit, ein für die Erhaltung der Art erforderliches Revier zu sichern. Es ist nicht verwunderlich, daß sich das bei *Betta splendens* geschilderte Verhalten auch in innerartlichen Auseinandersetzungen anderer Labyrinthfischarten wiederfindet. Der Kampf bis zur physischen Vernichtung des Gegners gehört nicht zum Verhaltensinventar der Fische. In der Reiz-Reaktions-Kette ist an einem bestimmten Punkt der Aggressionshandlungen die Flucht des Schwächeren programmiert. Nur unter den unnatürlichen Bedingungen eines erzwungenen »Wettkampfes« bleibt der Tod die unausweichliche Folge. Die Anforderungen an eine möglichst naturgemäße Aquarienhaltung — vor allem geräumige Behälter mit vielen Versteckmöglichkeiten — ergeben sich daraus ganz selbstverständlich.

Erstaunlicher als die vielen Ähnlichkeiten im Kampfverhalten der miteinander verwandten Labyrinthfische ist, daß sich parallele Erscheinungsformen auch in anderen Fischfamilien entwickelt haben. Tatsächlich zeigen beinahe alle brutpflegenden Fische ähnliche Verhaltensweisen bei der Verteidigung ihres Reviers.

Typische Beispiele bieten die Cichliden. Sie stehen selbst unter Aquarianern noch häufig in dem Ruf, besonders »rauflustig«, »unverträglich«, wenn nicht gar »gefährlich« zu sein. Tatsächlich sind aber alle diese Eigenschaften, die ihnen zugeschrieben werden, nichts anderes als in unendlich langer Generationsfolge erworbene und als Erbkoordination fixierte Verhaltensweisen, die dem Schutz eines Reviers, der darin lebenden Brut — letztlich also der Erhaltung der Art — dienen. Und eben aus dieser gleichen Aufgabe ergeben sich die Ähnlichkeiten im Verhalten.

Cichliden beanspruchen in der Regel ein recht großes Revier. In Abhängigkeit von den konkreten Bedingungen der »ökologischen Nische«, denen sie sich im Laufe ihrer stammesgeschichtlichen Entwicklung angepaßt haben, erstreckt es sich mehr oder weniger weit um den Platz, an dem die Tiere ablaichen und ihre Brut aufziehen. Reviergrenzen werden oft durch Sichtgrenzen, vor allem aber auch vom Futterangebot bestimmt. Das meist vom Männchen festgelegte Revier entspricht dann auch bereits den Erfordernissen für den Zeitpunkt, da die Jungen freischwimmen und von den Eltern geführt werden: das Futterangebot als wesentlicher Faktor für die Reviergröße.

Viele Cichliden pflegen und verteidigen ihre Jungfische eine längere Zeit – manche Arten bis zur nächsten Brut. Für die mitunter sehr zahlreiche Nachkommenschaft wird viel Futter – also auch viel Raum benötigt.

Die Reviere für mittlere bis große Cichliden umfassen in der Natur meist mehrere Quadratmeter. Das muß beachtet werden, will man bei der Interpretation der Kämpfe unter Aquarienbedingungen nicht fehlgehen. Dringt ein Männchen in das Revier eines brutpflegenden Artgenossen ein, wird es vom Revierbesitzer sofort angegriffen. Wie schon bei den Labyrinthfischen geschildert, erfolgt dieses Entgegenschwimmen mit gespannten Flossen und abgespreizten Kiemendeckeln. Dabei legen die Tiere ihre Prachtfärbung an. Das schnelle Angreifen, die häufig intensiv leuchtenden Farben, der durch das Flossenspreizen scheinbar vergrößerte Körperumriß genügen manchmal schon, den Eindringling in die Flucht zu schlagen. Häufiger aber entwickelt sich aus dem ungestümen Verteidigungsangriff des Revierinhabers ein schnelles Parallelschwimmen der beiden Kontrahenten, das in spiralig sich verengende Umkreisungen mündet. Durch eine schnelle Wendung ergibt sich die schon bekannte Antiparallelstellung. Ruckartige Bewegungen vor allem des Hinterkörpers und der gespreizten Flossen erzeugen die Druckwellen im Wasser, die dem Gegner die eigene Stärke signalisieren. Bringt auch diese Kampfform keine Entscheidung, schließt sich in der Regel die Phase des Maulzerrens an. Die Fische verbeißen sich mit den Mäulern und versuchen dabei, nach hinten wegzuschwimmen und den Gegner mitzuzerren. Dieser Maulkampf wird mit Vehemenz und in allen Lagen ausgetragen – meist bis zur noch immer unblutigen Entscheidung. Das unterlegene Tier legt zum Zeichen der Aufgabe die Flossen an und sucht das Weite. Im Aquarium ist diese Weite aber sehr begrenzt. Wir erinnern uns: In der Natur kann ein Cichlidenrevier mehrere Quadratmeter messen – welches Aquarium kann das bieten? Die Reviere werden gegen Eindringlinge verteidigt, gegen Artgenossen, aber natürlich auch gegen andere Fische.

Interessante Beobachtungen lassen sich anstellen, wenn dabei Fische aufeinandertreffen, deren Verhaltensinventar – bei prinzipieller Übereinstimmung in den Hauptphasen – in diesem oder jenem Detail voneinander abweicht. So gibt es z. B. beim Maulzerren artspezifische (oder individuell unterschiedliche?) Varianten. Der Angriff kann nur auf die Ober- oder auf die Unterlippe zielen oder darauf, das Maul des Gegners voll zu fassen. Die letztgenannte Form hat vermutlich einen höheren Kampfwert. Sie behindert stärker die Atmung und zwingt den Unterlegenen zur Aufgabe. Es gibt auch Unterschiede in der bevorzugten Bewegungsrichtung »Ziehen« oder »Schieben«. Beim Küssenden Gurami (*Helostoma temminckii*) und verschiedenen Cichliden ist der Maulkampf zum »Maulklatschen« geworden. Die Tiere pressen sekundenlang die wulstigen Lippen gegeneinander.

Die Entscheidung bei Revierstreitigkeiten fällt durchaus nicht immer zugunsten des physisch stärkeren Tieres. Vielmehr ist eine deutliche Abhängigkeit der Kampfstärke eines Fisches von der größeren oder geringeren Entfernung der Auseinandersetzung vom Zentrum seines Reviers – der versteckten Höhle, der Laichgrube, dem Schaumnest, dem schutzbietenden Unterstand – zu erkennen.

In unmittelbarer Nähe seines Revierzentrums, vielleicht noch zusätzlich motiviert durch die

Pflege eines Jungfischschwarms, greift der Fisch auch einen weitaus größeren Gegner an, dem er in anderen Bereichen des Aquarienbeckens aus dem Wege gehen würde.

Mit wachsender Entfernung vom Revierzentrum sinkt die Aggressionstendenz spürbar, und die Fluchtbereitschaft erhöht sich stattdessen.

An der Grenze zwischen zwei besetzten Revieren ergibt sich daraus ein eigenartiges Hin und Her bei aggressiven Begegnungen der benachbarten Revierinhaber.

Der eben noch in der Verteidigung seiner Revieransprüche heftig Angreifende wird unsicher, wenn er bei der Verfolgung des fliehenden Gegners sein eigenes Revier verläßt und in das fremde Territorium eindringt. Dem Verfolgten aber wachsen gewissermaßen neue Kräfte zu, je mehr er sich in sein eigenes Gebiet zurückgedrängt sieht. Die Rollen wechseln, der Verfolgte wird zum Angreifer, bei seinem Gegner ist mit der Entfernung vom eigenen Revier die Fluchttendenz gewachsen, und er flieht auf den ersten Gegenangriff mit geklemmten Flossen. Es kommt gar nicht zu der im Verhaltensprogramm vorgegebenen Möglichkeit einer weiteren Steigerung, sie bleibt durch die ständig wechselnden Antriebskräfte im Ansatz stecken.

Aus dem Widerspruch plötzlich wechselnder Antriebskräfte (in der Verhaltensforschung wird dafür der Begriff Triebkonfliktsituation verwendet) ergibt sich etwas Merkwürdiges, das auch im Aquarium nicht selten zu beobachten ist.

Die Fische, von zwei gleichstarken Trieben bedrängt, reagieren die Spannung dieses Zustands in einem Verhalten ab, das mit den widerstreitenden Antrieben Flucht und Angriff in keinem ursächlichen Zusammenhang zu stehen scheint. Sie suchen z. B. nach Futter, das gar nicht vorhanden ist, nehmen Steinchen auf, die sie sofort wieder fallen lassen, zupfen an Algen usw.

Die angestaute Aktionsenergie zweier gegensätzlicher Triebe entlädt sich in einer dritten, in der gegebenen Situation sinnlosen Handlung, die mit den konfliktverursachenden Triebdispositionen nichts zu tun hat.

In Untersuchungen am Dreistachligen Stichling (*Gasterosteus aculeatus*) ist das eindrucksvoll belegt worden. Die Stichlingsmännchen besetzen in der Laichzeit im Frühjahr an seichten Uferstellen Reviere, die sie heftig gegen Rivalen verteidigen. An der Grenze zwischen den Revieren stehen sich die Gegner in einer charakteristischen Drohhaltung gegenüber. Kopfunter drohend beginnen sie, im Boden zu graben. Die entstehenden Gruben und der Aushub markieren schließlich deutlich erkennbar die Reviergrenze.

Aus dem Konflikt zwischen Angriffs- und Fluchttendenz ergibt sich ein Drittes, eine »Übersprunghandlung«. Solche Übersprunghandlungen oder -bewegungen sind bei ethologischen Untersuchungen in allen Wirbeltierklassen gefunden worden, und selbst der Mensch trägt in seinem Unterbewußtsein noch rudimentäre Reste dieses Verhaltens als Erbe seiner Wirbeltiervorfahren in sich. Die vom Bewußtsein nicht kontrollierten Verlegenheitsgesten in einer (bewußten oder unbewußten) Konfliktsituation bringen es zum Vorschein.

Gegenüber den markanten, meist deutlich in überschaubare einzelne Phasen gegliederten und optisch eindrucksvollen Kampfhandlungen bei Cichliden und Labyrinthfischen fallen Auseinandersetzungen unter Lebendgebärenden Zahnkarpfen weniger ins Auge.

Ich muß gestehen, daß ich — stärker gefesselt durch die Verhaltensweisen von Cichliden und Labyrinthfischen — ihnen lange Zeit wenig Aufmerksamkeit zugewendet habe. Erst durch einige zufällige Freilandbeobachtungen, die ich im mexikanischen Hochland machen konnte, hat sich meine Einstellung geändert.

An seichten, ruhigen Stellen kleiner Bergflüsse bemerkte ich immer wieder Artgruppen von wissenschaftlich unbestimmten Lebendgebärenden Zahnkarpfen mit einer wiederkehrenden Zusammensetzung: einige erwachsene Weibchen (ihre Zahl schwankte um 10), halberwachsene Jungtiere, deren geschlechtliche Differenzierung äußerlich noch nicht ausgeprägt war, und ein einziges großes Männchen. Es war in der Gruppe nicht zu übersehen, denn es prangte in auffällig intensiver Färbung. Dem Anschein nach nahm dieses Männchen eine dominierende Stellung ein, die respektiert wurde.

Die knappe Zeit ließ eine intensivere Beobachtung an Ort und Stelle nicht zu. Aber von dem Gesehenen angeregt, widmete ich in der Folge Schwertträgern und Papageienkärpflingen mehr Zeit, und kleine Schwärme dieser Fische, die gemeinsam aufgezogen waren, bevölkerten längere Zeit meine Aquarien.

Daß es zwischen den Männchen der *Xiphophorus*-Arten immer wieder zu Plänkeleien kommt, kann sicher jeder Aquarianer aus eigenen Beobachtungen bestätigen. Imponieren mit gespreizten Flossen, Maulzerren, Bisse nach den Flossen oder der Bauchseite des Gegners, Jagen durch das Becken, Verfolgen und Flucht mit angelegten Flossen – all diese Verhaltensweisen sind auch bei Lebendgebärenden vorhanden. Sie wirken harmloser, weniger eindrucksvoll als vergleichsweise bei Cichliden, aber sie sind auch nicht zu übersehen. Wodurch aber sind die Auseinandersetzungen motiviert? Revierbildung in der von Cichliden bekannten Art existiert nicht. Die Revierverteidigung scheidet als auslösender Faktor des aggressiven Verhaltens aus. Brutpflege und -verteidigung der Jungfische ist bei Lebendgebärenden auch nicht bekannt. Die Jungen werden schon relativ groß geboren und sind gleich selbständig.

Die Vermutung, die sich mir bei der Beobachtung der auffälligen Gruppenstruktur im natürlichen Biotop der Fische aufdrängte, bestätigte sich durch die späteren Aquarienbeobachtungen immer wieder: Lebendgebärende Zahnkarpfen bilden Rangordnungsgruppen mit einem dominierenden Männchen. Die Rangordnung wird nach den bekannten Verhaltensmustern ausgekämpft.

Das weitere Schicksal der abgeschlagenen Männchen unter natürlichen Bedingungen konnte ich nicht verfolgen. Ob sie vielleicht die angestammte Gruppe verlassen und bei einer anderen versuchen, in die Spitzenposition zu gelangen?

Unter Aquarienbedingungen ist das kaum zu beweisen. Die unterlegenen Männchen können sich nicht aus dem Gesichtskreis des dominierenden Tieres entfernen. Sie versuchen aber offensichtlich, Begegnungen zu vermeiden und weichen weiteren Auseinandersetzungen aus. Äußerlich sind solche Männchen sofort zu erkennen, ihre Farben sind verblaßt, dem Weibchenmuster ähnlich – während das dominierende Tier seine Position durch auffällig strahlende Farben optisch deutlich demonstriert.

Einen aufschlußreichen Beleg für die Existenz der Rangordnung und der damit verbundenen Verhaltensweisen erhält man, wenn das ranghöchste Tier aus dem Becken entfernt wird. Die Rivalitäten zwischen den bis dahin gehemmten Männchen beleben sich spürbar, und in kurzer Zeit hat sich ein neues Tier an die Spitze gesetzt und zeigt nun seinerseits alle Attribute der Führungsposition.

Auseinandersetzungen von Lebendgebärenden Zahnkarpfen sind primär durch Rangordnungskämpfe motiviert, bei denen es um die Dominanz eines starken Männchens in der Gruppe geht. Sie gibt dem dominierenden Tier sicher auch in der Paarung gegenüber Mitbewerbern eine bevorzugte Stellung. Die innerartliche Konkurrenz zwischen den Männchen zielt letzten Endes immer auf einen höheren Anteil am Fortpflanzungsgeschehen.

Es muß vielleicht nicht ausdrücklich betont werden, daß die am Beispiel einiger Arten dargestellten Beobachtungen nicht universelle Gültigkeit für andere Arten oder gar die ganze Familie der Poeciliidae beanspruchen.

Wichtig ist mir in diesem Zusammenhang vor allem die Erkenntnis, daß Aquarienbeobachtungen nicht ohne weiteres die natürlichen Verhaltensweisen der Fische widerspiegeln. Sie können auch häufig durch die begrenzenden Faktoren ein verzerrtes Bild liefern. Die Fische zeigen im Aquarium auch im Rahmen ihres genetisch fixierten Verhaltensprogramms liegende Abwandlungen, die in natürlichen Biotopen nicht in Erscheinung treten müssen.

Eine Rangordnung in hierarchisch gegliederten Tiergruppen – einmal in genetisch fixierten »ritualisierten« Verhaltensweisen ausgekämpft – hat in der Regel Bestand. Andauernde Rangordnungskämpfe wären für die Existenz der Gruppe gefährlich. Die Verhaltensforschung hat dafür in zahlreichen Untersuchungen an verschiedensten Tierarten ausreichend Beweismaterial zusammengetragen. Der für Rangordnung häufig synonym verwendete Begriff »Hackordnung« erinnert beispielsweise daran, daß Hühnervögel, Vögel überhaupt, als Objekte ethologischer Forschung zu wesentlichen Erkenntnissen verhalfen. Fische aber waren und sind immer wieder deshalb bevorzugte Objekte dieser Wissenschaft, weil ihre relativ unkomplizierte Haltung unter standardisierbaren Versuchsbedingungen sie dazu besonders geeignet macht. Unbestritten hat die Aquaristik durch ihre Erfahrungen wesentliche Impulse für die Verhaltenswissenschaft geliefert. Verhaltensbeobachtungen sind ein dankbares Gebiet, das interessierten Aquarianern reiche Betätigungsmöglichkeiten bietet.

Die dominierende Rolle in einer Rangordnung bringt ihrem Inhaber Vorteile. Das zeigt sich im Aquarium zum Beispiel bei Fütterungsversuchen. Das Führungstier sichert sich die größten Anteile am Futter.

Wichtiger aber dürfte sein, daß auch sein Anteil am Fortpflanzungsgeschehen höher ist.

Unter den typischen Schwarmfischen wie Barben und Salmlern ist dies offenbar die entscheidende Motivation der Rivalitätskämpfe der Männchen.

Bei der Mehrzahl dieser Fische sind alle Verhaltensweisen im engen Wechselverhältnis zum ausgeprägten Schwarmleben zu sehen. Auch die Fortpflanzung erfolgt häufig im Schwarm, die Partnerwahl scheint ganz zufällig, nicht selten sind auch gleichzeitig mehrere Tiere an ihr beteiligt, oder alle Tiere eines Schwarms geben gleichzeitig die Geschlechtsprodukte ab.

Wesentliche stimulierende Faktoren für Auseinandersetzungen fehlen. Doch das Bild ist vielfältiger, als solche zusammenfassenden Verallgemeinerungen erwarten lassen. Tatsächlich wird man auch Barben und Salmler in Auseinandersetzungen verwickelt sehen. Bei vielen Arten imponieren die Männchen mit gespreizten Flossen und leuchtenden Farben in der Fortpflanzungszeit. Gekämpft wird häufig auch bei Salmlern und Barben um ein laichbereites Weibchen, der Stärkere in der Auseinandersetzung kommt zum Fortpflanzungserfolg.

Besonders ausgeprägte, heftige Kampfformen haben sich bei brutpflegenden Arten entwickelt. Offenbar ist ihr Brutpflegeinstinkt gekoppelt mit einer Senkung der Aggressionsschwelle. Sie greifen den vermeintlichen oder wirklichen Gegner, der sich dem Gelege oder der Brut nähert, ohne Vorwarnung zielgerichtet an – auch die Hand des Pflegers, der beim Hantieren im Becken nicht den nötigen Abstand wahrt. Ein kleines *Colisa chuna*-Männchen geht auch einen dreifach größeren 199/6
Fisch an – und in der Regel wird es den von der Vehemenz des Angriffs erschreckten Gegner zum Abdrehen bringen.

Im Dienste der Abschreckung stehen eindeutig auch grelle Farb- und Zeichnungsmuster, die von den Fischen in der Zeit der Brutpflege angenommen werden.

Die leuchtendrote Warnfarbe des Feuermaul- 206/1
Buntbarsches (*Cichlasoma meeki*) oder auch die von schwarzen Zeichnungsmustern überzogene giftig-gelbe Körperfarbe, die viele *Apistogramma*-Weibchen in dieser Zeit tragen, sind nur zwei auffallende Beispiele.

Die erhöhte Aggressivität richtet sich häufig auch gegen den Paarungspartner, der nicht direkt an der Brutpflege beteiligt ist – jedenfalls unter den beengten Aquarienverhältnissen. Es kommt tatsächlich nicht selten vor, daß *Nannacara*- oder *Apistogramma*-Männchen, obwohl viel größer und außerhalb der Laichzeit eindeutig dominierend, von ihren brutpflegenden Weibchen so heftig attackiert werden, daß sie an ihren Verletzungen zugrunde gehen. Aber ebenso sicher ist, daß dieser Ablauf nicht im biologischen Programm der Tiere vorgegeben, sondern der Enge des Aquariums zuzuschreiben ist.

Sichere Beobachtungen in sehr großen Behältern besagen vielmehr, daß die Männchen sich außerhalb einer bestimmten Mindestdistanz vom Gelege nicht nur gegen ihre Weibchen behaupten können, sondern sogar den Schutz des Brutreviers übernehmen.

Kämpferische Auseinandersetzungen um das Futter spielen dagegen bei Aquarienfischen keine bedeutende Rolle. Zwar wird man immer wieder beobachten können, daß ein dominierendes Tier die übrigen Beckenbewohner von der Futterstelle fernzuhalten und mit kurzen Angriffen die Nahrungskonkurrenten zu vertreiben sucht – zum vollen Ausspielen der programmierten Kampfformen kommt es nicht. Der Futterreiz erweist sich als stärker, schnelles Zuschnappen ist erfolgreicher.

Diese Beobachtung wird bestärkt durch eine andere: Kämpfende Fische können durch das Auftauchen eines Futterobjekts aus ihrer Kampfstimmung jäh herausgerissen werden, die vorgegebene Reiz-Reaktions-Kette bricht ab.

Typische Einzelgänger unter den Fischen, die ihre Lebensweise in Anpassung an nahrungsarme Biotope erworben haben, reagieren besonders aggressiv. Sie sind aus ihrer stammesgeschichtlichen Entwicklung auf die Behauptung eines großen Reviers eingestellt, das ihnen eine ausreichende Ernährungsgrundlage bietet, und jeder Eindringling wird als potentieller Nahrungskonkurrent sofort heftig angegriffen. Ohne Vorwarnung, ohne die für die innerartliche Auseinandersetzung typischen Verhaltensweisen (häufig als Kommentkämpfe bezeichnet), gehen die Tiere zum Beschädigungskampf über. Hat der Angegriffene keine Möglichkeit zur Flucht, ist er ernstlich bedroht. Verluste bei der Aquarienhaltung sind nicht selten darauf zurückzuführen, daß die natürliche Aggressivität solcher Einzelgänger unbeachtet blieb und den Fischen ein zu kleiner Behälter ohne ausreichende Versteckmöglichkeiten zugemutet wurde.

Die Aggressivität der Einzelgänger erschwert auch die Paarbildung in der Laichperiode. Außerhalb dieser Zeit wird jedes Weibchen als Nahrungskonkurrent bekämpft. Wie es zum notwendigen Abbau des starken Aggressionstriebs in der Laichvorbereitung kommt, ist durchaus noch nicht in allen Einzelheiten bekannt.

Man vermutet, daß dabei neben dem Beschwichtigungsverhalten des Weibchens, das als optischer Reiz empfangen wird, auch die Geruchskommunikation eine Rolle spielt. Während der Eientwicklung gehen im weiblichen Organismus hormonelle Umstellungen vor sich, bei denen sogenannte Sexualpheromone produziert und offenbar erst mit der Eireifung freigesetzt werden. Das Männchen nimmt sie über Chemorezeptoren auf und reagiert darauf mit der Reduzierung des Aggressionstriebs.

Das Verhalten des Männchens zum laichreifen Weibchen ändert sich auffällig. Ich konnte das sehr eindrucksvoll beim Quappenbuntbarsch (*Te- 53/3
leogramma brichardi*) beobachten. Während sich anderen Fischen gegenüber die Aggressionstriebdisposition augenscheinlich noch verstärkt und die Angriffe über das normale Maß hinaus heftiger wurden, durfte sich das Weibchen jetzt ungehindert im Revier bewegen.

Nicht weniger eindrucksvoll erlebte ich den Verhaltensumschwung in der Fortpflanzungsphase beim Kammkugelfisch (*Tetraodon lorteti*). Das Weibchen wurde, obwohl es deutlich sichtbar Laichansatz zeigte, aber noch nicht laichbereit war, stark gejagt. Als es einmal den Attacken nicht ausweichen konnte, wurde es vom Männchen in die Kehle gebissen.

Die kugelfischtypische Schutzreaktion – das Weibchen blähte sich so stark auf, daß es im Nu seinen Umfang verdoppelte – veranlaßte das Männchen, seinen Biß zu lockern. Das Weibchen konnte fliehen, die Bauchschwellung ging rasch zurück. Einige Tage später, beim Weibchen war äußerlich keine Veränderung zu sehen, war das Männchen wie ausgewechselt. Das nun laichbereite Weibchen durfte sich ihm nähern und immer wieder eine geschützte Stelle zwischen den Pflanzen aufsuchen. Jetzt wurde es vom Partner ohne jedes Zeichen von Aggression umworben.

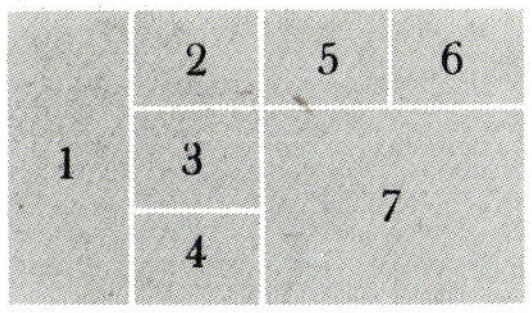

1 Schleierkampffisch (*Betta splendens*) beim Frontaldrohen mit ausgefahrenem Kiemensack und gespreizten Kiemendeckeln

2 Zwei Schleierkampffische beim Imponieren in Parallelstellung

3 Männchen des Kleinen Kampffisches (*Betta imbellis*) in Angriffsstellung

4 Bei dieser Farbform des Schleierkampffisches werden die Augenflecken auf den Kiemendeckeln besonders deutlich. Beim Maskenimponieren täuschen auch sie einen größeren Kopf vor

5 Kämpfende *Pseudobetta taeniata* in T-Stellung und

6 . . . Antiparallelstellung

7 *Parophiocephalus unimaculata* (Maulbrütende Kampffische) kämpfen stundenlang körperwedelnd mit geöffneten Mäulern

Vorstehende Seite:
Papiliochromis ramirezi-Männchen in Kampfstimmung

1	2	7	8
3	4	9	10
5	6	11	

1 Ein deutliches Zeichen für Kampfstimmung bei diesem Gelbkopf-*Apistogramma* ist die intensive Gelbfärbung der unteren Kopfhälfte einschließlich des ausgefahrenen Kiemensackes

2 *Nannacara anomala*-Männchen beim Breitseitimponieren in Antiparallelstellung. Durch ruckartiges Körperwedeln wird dem Gegner ein Wasserschwall entgegengeworfen

3 Auch diese afrikanischen Labyrinthfische, Orangenbuschfische (*Ctenopoma ansorgii*), zeigen das Breitseitimponieren in Antiparallelstellung

4 Mit zum Zerreißen gespannten Flossen und Körperwedeln versucht dieses *Apistogramma steindachneri*-Männchen den Gegner einzuschüchtern

5 Der Kampf etwa gleichstarker *Nannacara anomala*-Männchen in der entscheidenden Phase. Der Maulkampf muß nun entscheiden, wer das Revier besitzen wird.

6 Die Odessabarben-Männchen messen ihre Kräfte u.a. ebenfalls durch Breitseitimponieren in Antiparallelstellung

7 Zwei kämpfende *Oreochromis alcalicus grahami*-Männchen beim Breitseitimponieren in Parallelstellung

8 . . . in T-Stellung

9 . . . beim Körperrammen

10 . . . beim Maulklatschen

11 . . . beim Maulzerren

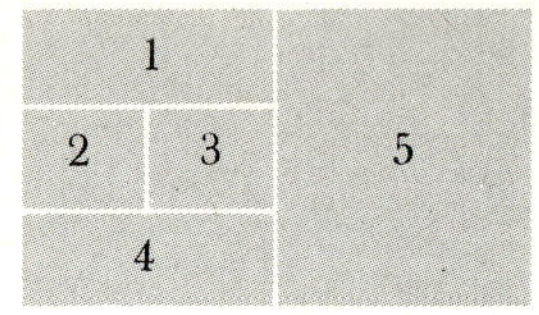

1 Ein *Nothobranchius rachovii*-Männchen droht mit ausgefahrenem Kiemensack

2 Auch bei den Filigranregenbogenfischen (*Iriatherina werneri*) spielt das Imponieren mit gespreizten Flossen bei kämpferischen Auseinandersetzungen eine große Rolle. In starker Erregung werden die Flossen in schneller Folge auf- und abgeklappt

3 Selten zu beobachten – Maulzerren bei Eierlegenden Zahnkarpfen – hier zwischen zwei Männchen von *Nothobranchius foerschi*

4 Zwei Männchen von *Nothobranchius patrizii* beim Breitseitimponieren in Parallelstellung

5 In Parallelstellung kämpfen hier zwei *Terranatos dolichopterus*-Männchen

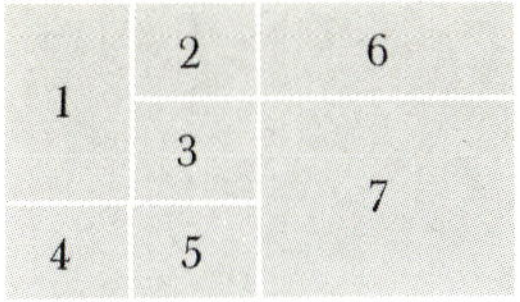

1 Kopfstudie vom Prachtsalmler *Crenuchus spilurus*

2, 3, 4, 5 Kämpfende *Crenuchus spilurus*

6 Zwei Männchen verschiedener *Nothobranchius*-Arten kämpfen hier. Deutlich sind die Merkmale der ersten Phase – Flossenspreizen und Ausfahren des Kiemensackes – zu erkennen (*Nothobranchius melanospilus, N.* spec.)

7 Der Kammkugelfisch (*Tetraodon lorteti*) verändert beim Drohen seine Färbung, senkt den Kopf und fährt den Kamm und den roten Kiel aus. Mit eingeknicktem Schwanzteil nähert er sich langsam seitlich schwimmend dem Rivalen

112 · 113

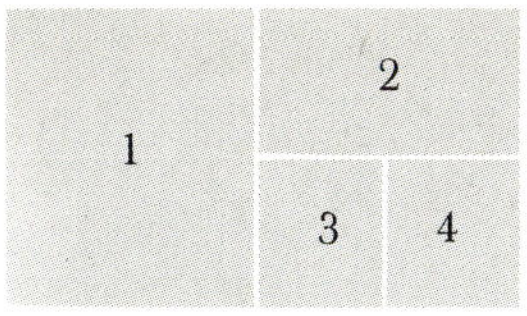

1 Fundort von *Astyanax fasciatus* im Hochland Mexikos nördlich von Acapulco

2 Fundort von *Xiphophorus variatus* im Hochland Mexikos etwa 120 km nördlich von Puebla

3 Zwei Männchen von *Xiphophorus variatus* beim Breitseitimponieren; es ist zu erkennen, daß beide Tiere genau die gleiche Körperhaltung einnehmen

4 Beim Imponieren spreizen auch die Schwertträger alle Flossen bis zum äußersten

Folgende Seite: Kämpfende *Julidochromis dickfeldi* beim Maulzerren; sie haben dabei ihre Mäuler ineinander verbissen

Im Grunde geht es auch bei den aggressiven Einzelgängern unter den Fischen nicht um Kämpfe auf Leben und Tod, und die von dieser Feststellung abweichenden Aquarienbeobachtungen resultieren in der Regel aus der räumlichen Enge der Behälter.

Ihr genetisch fixiertes Kampfverhalten ist geprägt von den Lebensbedingungen ihres natürlichen Biotops, dem Konkurrenzdruck nahrungsarmer Reviere. Es ist deshalb besonders stark auf Distanzvergrößerung orientiert. Der Beschädigungskampf ist auch bei ihnen nur das letzte Mittel, wenn vorhergehende Phasen erfolglos bleiben. Normalerweise aber genügt in der innerartlichen Auseinandersetzung schon drohendes Anschwimmen, um den Kontrahenten zu vertreiben.

Aggressive Auseinandersetzungen zwischen den Fischen erweisen sich immer als naturgemäße Reaktionen auf Auslösereize, die auf einem in der Evolution entstandenen Verhaltensprogramm basieren. Ihr biologischer Sinn liegt in der Sicherung eines Nahrungsreviers, des Fortpflanzungsgeschehens und der Brutpflege, letzten Endes in der Erhaltung der Art.

Den schädlichen Wirkungen übergroßer Aggression, die diesem Sinn zuwiderlaufen, begegnen die artspezifisch ausgeformten Hemmungen, wie z. B. die Ausbildung stabiler Rangordnungen, die Aggressionshemmung gegenüber den eigenen Jungfischen und Weibchen, bestimmtes Demuts- oder Beschwichtigungsverhalten.

Werden die Verhaltensweisen der Fische nicht ausreichend berücksichtigt, sind Fehlschläge in der Aquarienhaltung die unvermeidliche Folge. Ernsthafte Beschädigungskämpfe mit tödlichem Ausgang sind nicht der »Bösartigkeit« eines Tieres anzulasten. Sie sind meist begründet in zu kleinen und falsch eingerichteten Aquarien. Andere äußere Faktoren spielen demgegenüber nur eine relativ untergeordnete Rolle.

Die Wasserqualität hat nach meinen Erfahrungen dabei nicht den gravierenden Einfluß, der ihr gelegentlich zugeschrieben wird. Ich halte alle meine Fische, von Ausnahmen, vor allem bei Zuchtversuchen, abgesehen, in verhältnismäßig hartem (um 20° dGH), normalem Leitungswasser. Zu hohe Temperaturen und organisch stark belastetes Wasser wirken dagegen offensichtlich aggressivitätssteigernd. Der regelmäßige weitgehende Wasserwechsel und eher etwas kühle Haltung begegnen dieser Gefahr am einfachsten.

Wichtiger aber scheint mir, daß man sich vor dem Entschluß, eine bestimmte Fischart zu halten, genau über ihre spezifischen Lebensbedingungen und -ansprüche informiert. Das Gespräch mit dem Verkäufer gibt nicht immer Sicherheit. Besser ist, und deshalb dringend zu empfehlen, das Studium einschlägiger Fachliteratur, das für den passionierten Aquarianer selbstverständlich sein sollte.

Einzelgänger unter den Fischen sind natürlich anders zu halten als Schwarmfische. Fische mit weit auseinanderliegenden Lebensansprüchen lassen sich nicht miteinander vergesellschaften. Schon der Transport der Tiere nach dem Kauf will überlegt sein. Mehrere erwachsene Cichliden z. B. im engen Transportbeutel können sich in dieser Streßsituation ernsthaft beschädigen, und bei typischen Einzelgängern ist besondere Vorsicht angebracht.

Ein Rat aber hat sicher immer Gültigkeit: Man sollte möglichst große Aquarien mit vielen Verstecken einrichten und das Becken nicht zu dicht besetzen.

Bei der Beckengröße ist die Grundfläche entscheidend, nicht die Höhe. Abgesehen von Beleuchtungsproblemen, die mit der Wasserhöhe progressiv zunehmen – die Pflanzen am Grund erhalten zu wenig Licht und kümmern –, eine große Grundfläche läßt sich wirkungsvoller gestalten.

Wirkungsvoller in ästhetischer Hinsicht, weil die Möglichkeiten zur attraktiven Einrichtung des Beckens mit Pflanzen sich wesentlich vergrößern und die optische Raumwirkung erhöht wird, vor allem aber, weil damit den natürlichen Lebensbedürfnissen der Fische besser Rechnung getragen werden kann.

Durch die überlegte Anordnung versteckreicher Steinaufbauten oder Moorkienwurzeln und durch die zweckentsprechende Gruppierung geeigneter Wasserpflanzen lassen sich auf einer großen Grundfläche Sichtgrenzen schaffen, die von den Fischen meist als Reviergrenzen anerkannt werden. Sie können dann auch in den künstlich für sie geschaffenen Bedingungen ihr arttypisches Verhalten natürlich entfalten.

Kämpfe und Auseinandersetzungen zwischen den Fischen verlaufen so auch im Aquarium nach den in ihrem Verhaltensprogramm fixierten Regeln. Beschädigungskämpfe und Verluste von Tieren sind zu vermeiden, wenn man bei der Gestaltung ihres Lebensraums ihre naturgegebenen Ansprüche berücksichtigt.

Liebe unter Wasser – Schönheit und Sinn der Balz

Die artverschiedenen und den Beobachter immer wieder beeindruckenden Balzhandlungen der Fische sind letzten Endes nichts anderes als in der Evolution entstandene, genetisch in einem Verhaltensprogramm fixierte Reaktionen auf bestimmte Reize und Reizkombinationen.

Die Balzhandlungen werden ausgelöst durch Veränderungen im inneren und äußeren Milieu der Tiere, wobei geschlechtsspezifische Unterschiede zu erkennen sind.

Im Organismus der Weibchen verändert sich im Zusammenhang mit den zyklischen Eientwicklungsprozessen der Hormonhaushalt beträchtlich, und das führt in der letzten Phase der Eireifung zu einem raschen Anstieg der Balztriebdisposition.

Bei den Männchen, die vom Eintritt der Geschlechtsreife an physiologisch immer paarungsfähig sind, wird der Balztrieb vorwiegend von Außenreizen gesteuert.

Neben den unmittelbar vom Geschlechtspartner ausgehenden Reizen dürften dominierend dafür jahreszeitliche Veränderungen im Lebensraum sein, die Veränderung der Wassertemperatur zum Beispiel, die wiederum mit Veränderungen des Nahrungsangebots gekoppelt ist.

Fische aus Lebensräumen mit deutlicher jahreszeitlicher Rhythmik kommen nur in den für die Entwicklung der Eier und der Brut günstigsten Monaten in Fortpflanzungsstimmung. Unsere einheimischen Fische laichen im Frühjahr, wenn die Wassertemperaturen steigen und sich eine reiche Mikrofauna als Futtergrundlage für die Brut entwickeln kann. In tropischen Gebieten bringt häufig die Regenzeit die optimalen Bedingungen.

Unter relativ gleichbleibenden klimatischen Bedingungen tritt die jahreszeitliche Periodik der Fortpflanzung zurück – wie im übrigen auch die Erfahrungen der Aquarienhaltung beweisen. Im Aquarium sind die meisten Fische zu jeder Jahreszeit zur Fortpflanzung zu bringen.

Man hat auch mit Recht Veränderungen des Luftdrucks, der Tageslänge oder der Zusammensetzung des Wassers als Auslösereize für den Laichtrieb genannt.

Umweltbedingungen existieren nicht isoliert, sondern in komplizierten Wechselwirkungen zueinander, und auch die von ihnen ausgehenden Reize wirken komplex, vielfältig verknüpft auf die Fische ein und werden mit allen Sinnen aufgenommen.

Die Balz der Fische ist eine notwendige Phase im Fortpflanzungsgeschehen. Sie leitet die Paarung ein, die ohne Balz gar nicht stattfinden kann. Ihre Formen sind, obwohl in Grundstrukturen vielfach ähnlich, artspezifisch so differenziert, daß sie unter natürlichen Bedingungen eine wirksame Fortpflanzungsbarriere bilden, die Artkreuzungen in der Regel verhindert.

Außerordentlich unterschiedlich ist die Dauer und Intensität der Balz. Sie ist bei Schwarmfischen mitunter so kurz und unauffällig, daß sie leicht der Beobachtung entgeht. Sie kann sich aber auch z. B. bei Cichliden mit Abständen über Tage hinziehen, bevor sie in ihr Ziel, den Laichakt, übergeht.

Wie auch immer die Balz – artverschieden – abläuft, sie dient dazu, die Paarungspartner auf den für das Laichen notwendigen engen Kontakt vorzubereiten, die Kontaktscheu der Tiere abzubauen und die sexuellen Erregungszustände zu synchronisieren. Durch die Balz stimmen sich die Fische aufeinander ein.

Häufig beginnt die Balz mit Verhaltensweisen, die wir schon aus der Schilderung des Kampfverhaltens kennen. Die Fische zeigen die ersten Phasen des Kommentkampfes: das Anschwimmen und Drohen mit Maske, Flossenspreizen, Breitseitimponieren, Flossenschläge in der Parallel- und Antiparallelstellung.

Ausgeprägt ist das vor allem bei revierbildenden Arten zu beobachten. Schwimmt ein Weibchen in das Revier ein, wird es zunächst wie jeder andere Fisch angegriffen. Das Männchen erkennt es noch nicht als Laichpartnerin, zumal die Weibchen sich äußerlich bei manchen Arten kaum von den männlichen Tieren unterscheiden.

Erst wenn das Weibchen durch arttypische Verhaltenssignale seine Laichbereitschaft ausdrückt, sinkt die aggressive Triebdisposition des Männchens. Vermutlich kommt dabei den Pheromonen, die vor und während der Paarungsphase vom Weibchen abgegeben werden, eine besondere Bedeutung zu. Sie stimulieren den Fortpflanzungstrieb des Männchens.

In dieser Anfangsphase der Balzhandlungen ist das Verhalten des Männchens durch den Konflikt zwischen zwei starken Trieben gekennzeichnet. Verteidigung des Reviers steht im Widerspruch zum Balztrieb, den das Auftauchen des Weibchens auslöst.

Auch in der Balzphase kommt es aus dieser Triebkonfliktsituation – wie bei den Kampfhandlungen revierverteidigender Männchen an der Reviergrenze – mitunter zu scheinbar sinnlosen, unerklärlichen Zwischenhandlungen, den sogenannten Übersprunghandlungen. Das Männchen tut etwas, das weder mit der Revierverteidigung noch mit der Balz im Zusammenhang steht. Es nimmt z. B. Kies auf und läßt ihn gleich wieder fallen, zupft an Wasserpflanzen oder sucht nach Futter.

Oft, vor allem bei den normalerweise räumlich getrennt lebenden Einzelgängern, geht der eigentlichen Balz auch ein deutliches Suchverhalten voraus. Die Fische schwimmen offensichtlich erregt – suchend – im Becken umher.

Für das Finden des Partners dürften wieder chemische Signale eine entscheidende Rolle spielen, u. a. die schon erwähnten Pheromone, die als »Sexuallockstoffe« wirken. Bei Welsen aus schnellfließenden Gewässern, sicher auch bei anderen Fischarten, ist diese Form der Kommunikation sehr wahrscheinlich. Aber selbstverständlich stehen auch alle anderen Sinnesorgane im Dienste der Partnersuche. Beispiele, daß Fische zur Laichzeit die Weibchen mit akustischen Signalen anlocken, wurden schon erwähnt. Beim Blinden Höhlensalmler (*Astyanax mexicanus*) übernimmt 43/6
das Seitenlinienorgan die Aufgabe der Augen, die bei den meisten Fischen die für die Paarbildung wichtigste optische Kommunikation sichern.

Die auffälligen optischen Signale, die Balzhandlungen auslösen, sind auch für den beobachtenden Aquarianer gut zu erkennen. Die Schönheit der Balz – ihr ästhetischer Reiz –, bestimmte Farbänderungen, Flossen- und Körperhaltungen sind für die Fische einfach artspezifische Merkmale, die als Auslöser die Reiz-Reaktions-Kette der Balzhandlungen steuern.

In der Regel ist es das Weibchen, das durch sein Verhalten das anfangs noch aggressiv auf Verteidigung des Reviers eingestellte Männchen »umstimmt«. Es zeigt die aus dem Verhaltensinventar der Kommentkämpfe bekannten Beschwichtigungs- und Demutsgesten, bei denen alle Merkmale fehlen, die Drohcharakter haben und Aggression auslösen.

Das Weibchen demonstriert »Unterwürfigkeit« – es klemmt die Flossen, neigt sich zur Seite oder weist die Kehle vor, seine Farben verblassen. Diese Signale bremsen die Aggression des Männchens. Aus den anfänglichen Drohgebärden, dem schnellen Anschwimmen mit gespreizten Flossen entwickelt sich – häufig für den Beobachter fast übergangslos – die nächste Phase der Balz, das Führungsschwimmen vor dem Weibchen in Richtung auf den Laichplatz zu. Ein laichbereites Weibchen wird dieser Aufforderung folgen. Zögert es, greift das Männchen wieder an und verjagt das Weibchen aus dem Revier.

Das aggressive Verhalten am Beginn der Balz erhält so noch eine andere Erklärung. Es hat die Funktion, nicht paarungswillige Weibchen vom Revier fernzuhalten und Platz für ein paarungsbereites zu schaffen.

Im Aquarium sind diese Verhaltensweisen besonders eindrucksvoll bei Cichliden zu beobachten, aber mehr oder weniger deutlich treten sie auch bei anderen Arten auf. Wie bei den Revierstreitigkeiten der Männchen kann es in der Balzphase zwischen den Geschlechtspartnern unter den beengten Aquarienverhältnissen zu Beschädigungskämpfen kommen. Das fliehende Weibchen, das keine Möglichkeit hat, sich außerhalb der Reviergrenze und Sichtweite des Männchens zu verbergen, wird immer weiter attackiert, verletzt und büßt unter Umständen sogar sein Leben ein.

Aquarianer, die solche Erfahrungen sammeln mußten, sprechen dann häufig davon, daß die Tiere nicht »zusammenpassen«, nicht »miteinander harmonieren«. Diese Interpretation tierischen Verhaltens beruht auf einem Trugschluß, der allerdings durch Artikel in den Fachzeitschriften und durch jahrzehntelang weitergegebene Züchtererfahrungen genährt wird.

Es wird behauptet, daß miteinander »harmonierende« Paare sich aus möglichst vielen Tieren finden müssen, und in der züchterischen Praxis sind mit dieser Methode der gruppenweisen Haltung ohne Frage gute Erfolge erzielt worden. Die Tendenz zu Angriffshandlungen der paarungsgestimmten Männchen ist geringer, ihre Aggressionen verteilen sich auf mehrere Tiere, und die Männchen stoßen in der Gruppe immer auf ein paarungsbereites Weibchen, das auf ihre Balz eingeht. Die »Harmonie« der Paare – häufig steckt hinter dieser Formulierung ein vermenschlichender Standpunkt, nicht weit weg von Sympathie und Antipathie – erweist sich einfach als die richtige zeitliche Synchronisation der Paarungsbereitschaft. Beachtet man das, werden auch willkürlich zusammengestellte Paare ohne Schwierigkeiten miteinander ablaichen.

Bei den meisten Fischarten übernehmen die Männchen in der Balz die Initiative. Nachdem sie einmal entsprechend stimuliert sind, der Balztrieb durch die artgemäßen Signale ausgelöst worden ist, werben sie in vorgegebenen Formen, in ritualisierten Balzspielen, um die Gunst eines paarungsbereiten Weibchens. Revierbesitzende Männchen versuchen, den Paarungspartner zu der ausgewählten Laichstelle zu locken.

Gelegentlich aber wird berichtet, daß sich Fische »verkehrt« verhalten und ihre arttypische Rollenverteilung bei der Balz nicht eingehalten haben.

Geht man den Dingen auf den Grund, wird in der Regel schnell deutlich, daß die »abnormen« Verhaltensweisen in den konkreten Aquarienbedingungen begründet sind. Nach altbewährten Züchtermethoden wurden die Geschlechter getrennt gehalten und erst im Zuchtbecken zusammengebracht, wenn das Weibchen gut sichtbaren Laichansatz zeigte. Die Eireife bei den Fischen festzustellen, ist eine Sache des Fingerspitzengefühls, und es kann leicht geschehen, daß der richtige Moment verpaßt wird. Das zu lange vom Geschlechtspartner isolierte Weibchen kann mit fortgeschrittener Eireife in einen Zustand der Laichnot geraten. Dieser Zustand ist es, der die »verkehrte« Reaktion verursacht.

An der Balz eines Zwergfadenfischpaares kann das leicht demonstriert werden.

Ein *Colisa lalia*-Männchen baut in der Laich- 126/4
periode sein relativ großes, mit Pflanzenteilen durchsetztes Schaumnest. Erst gegen Ende seiner umfangreichen Bauaktivitäten beginnt es, unter dem Nest stehend, nach einem laichbereiten Weibchen auszuschauen. Seine Balztriebdisposi-

tion ist offenbar auch mit dem Abschluß des Nestbaus gekoppelt. Taucht jetzt ein Weibchen in seinem Blickfeld auf, wird das Männchen aktiv. Es schwimmt dem Weibchen entgegen, imponiert mit aufgestellten Flossen und sichtbar erstrahlenden Farben, die Kiemendeckel abgespreizt. Aus dem erregt flatternden Umschwimmen der potentiellen Laichpartnerin teilt das Männchen schließlich auch in der bekannten Antiparallelstellung Schwanzschläge aus. Ist ein Weibchen noch nicht laichbereit, wird es sich den Aktionen des Männchens durch die Flucht entziehen. Laichbereit aber begegnet es dem männlichen Imponiergehabe mit Demutsgesten, spätestens, wenn ihm die Druckwellen der Schwanzflossenschläge die Überlegenheit des Männchens demonstrieren. Es kippt seitlich ab und bietet Bauch- und Kehlpartie dar. Schließlich folgt es den Aufforderungen des Männchens zum Nest, und dort beginnt, nach dieser regulären Balzeinstimmung, die Paarung. Sie wird vom Weibchen durch Maulstupser in die Seite des Männchens ausgelöst. In der typischen Umschlingung werden Eier und Spermien gleichzeitig abgegeben.

Setzen wir aber ein getrennt gehaltenes Paar, bei dem das Weibchen prall voll Laich ist, gleichzeitig in ein Ablaichbecken, entwickelt sich der folgende Ablauf:

Kaum daß die Fische im Wasser sind, beginnt das Männchen in der bekannten Weise zu imponieren. Das Weibchen, durch die fortgeschrittene Laichreife in hohem Maße ablaichmotiviert, faßt die Annäherung des Männchens als Beginn des Führungsschwimmens auf und reagiert entsprechend, indem es auf das Männchen zuschwimmt, um ihm zum Laichplatz zu folgen. Tatsächlich ist aber das Männchen, das mit dem Schaumnestbau noch gar nicht begonnen hat, auf Balz nicht eingestimmt. Es verjagt das näherkommende Weibchen, das nicht dem männlichen Verhaltensprogramm entsprechend reagiert, energisch und beginnt sofort mit dem Bau eines Schaumnests. Bei jedem neuen Annäherungsversuch wird das Weibchen wieder vertrieben. Das Männchen produziert überstürzt, hektisch Schaumbläschen und wehrt gleichzeitig wachsam alle Bemühungen des Weibchens ab, in seine Nähe zu kommen.

Allmählich wächst das Schaumnest, bleibt aber noch weit entfernt von der normalerweise mit Pflanzenteilen verstärkten Festigkeit. Das Weibchen ändert jetzt seine Taktik und dringt, jede Deckung nutzend, in die Nähe des unvollkommenen Baus vor. Auch jetzt gelingt nicht der erste Versuch, aus der Deckung heraus das wachsame Männchen zu überrumpeln. Ist jedoch das Weibchen in eine günstige Startposition gelangt, ohne entdeckt zu werden, schnellt es auf das Männchen zu und attackiert es mit Maulstupsern in die Bauchseite. Diese Berührung hemmt die Aggressivität des Männchens und bereitet im weiteren Verlauf die Umschlingung vor: das Männchen laicht mit dem Weibchen ab. Es wurde durch die programmwidrigen Aktivitäten des Weibchens zum Laichen gezwungen, obwohl es mit dem Nestbau noch gar nicht fertig war.

Bei anderen Fischgruppen, wie zum Beispiel Salmlern und Barben, kann die durch künstliche Trennung der Geschlechtspartner verursachte »verkehrte« Balzaktivität der Weibchen so weit gehen, daß noch nicht laichwillige, d. h. noch nicht durch die Balz ausreichend motivierte Männchen zu Tode gejagt werden, wenn ihnen das kleine Aquarium keine Flucht- und Versteckmöglichkeiten bietet.

Normal ist dieser Ablauf nicht, aber nicht die Fische tragen Schuld, sondern die Aquarienbedingungen, die den natürlichen Lebensabläufen der Tiere nicht ausreichend Rechnung tragen.

Ein Grundschema der Balzhandlungen ist also bei revierbildenden Fischen unter zahlreichen artspezifischen Abwandlungen im Detail immer wieder zu erkennen:

In der Anfangsphase werden noch mehr oder weniger ausgeprägte Elemente des Kampfverhaltens gezeigt, vor allem die ersten Phasen des sogenannten Kommentkampfes.

Die latent schon vorhandene Fortpflanzungsbereitschaft des Männchens — es hat ja schon, durch auf ihn einwirkende Außenreize veranlaßt, ein Brutrevier besetzt oder ein Schaumnest gebaut — wird noch überlagert von dem Trieb, dieses Revier gegen Eindringlinge zu verteidigen. Eindringlinge sind zunächst auch noch die Weibchen der eigenen Art.

Das Weibchen, dessen Paarungsbereitschaft durch Eireifungsprozesse stimuliert wird, reagiert auf die Angriffe des revierverteidigenden Männchens anfangs auf die im Kampfverhalten programmierte Weise.

In dem Maße, wie die Eireifung fortschreitet, ändert sich aber das Verhalten des Weibchens. Es antwortet auf die Angriffe mit den bekannten Beschwichtigungsgesten — verblassende Farben, seitliches Verkippen des Körpers, Darbieten der Bauch- und Kehlpartie, Klemmen der Flossen und vielen anderen artspezifisch differenzierten Signalen, die Paarungsbereitschaft demonstrieren.

Dadurch erst wird der Balztrieb des Männchens aktiviert, es erkennt den Paarungspartner. Seine anfänglichen Angriffshandlungen gehen über in Werbeverhalten, und es versucht schließlich, durch »Führungsschwimmen« — wieder artverschieden ausgeprägt, aber immer deutlich zu erkennen — das Weibchen zum Ablaichplatz zu locken.

Häufig wird dieser Ablauf, vor allem zu Beginn des Balzens, durch neu aufbrechende Plänkeleien zwischen den Partnern unterbrochen. Diese Streitigkeiten im Balzverlauf lassen den Triebkonflikt erkennen, den die Tiere durch die Balz zu lösen haben. Am Ende der Balz erst ist die für das Laichen erforderliche Synchronität der sexuellen Bereitschaft erreicht.

Viele auffallende Verhaltensweisen haben sich innerhalb dieses Grundschemas entwickelt, deren Funktion durchaus noch nicht in allen Fällen eindeutig geklärt ist. Dem menschlichen »Forschungstrieb« stehen hier noch viele Fragen offen, und passionierte Aquarianer werden durch das noch Unerkannte im Leben ihrer Pfleglinge besonders herausgefordert. Gerade das Balzverhalten der Fische bietet ihnen ein weites Betätigungsfeld, und die wissenschaftliche Verhaltensforschung nutzt gern das Reservoir ungezählter Einzelbeobachtungen, die in der Aquaristik zusammengetragen werden.

Einige interessante Beispiele auffälligen Balzverhaltens, die auch solche offenen Fragen enthalten, werden im folgenden Abschnitt erwähnt. Dabei stehen revierbildende Fische im Vordergrund, Labyrinthfische und Cichliden vor allem, nicht nur, weil sie die besondere Vorliebe des Autors gewonnen haben. Sie bieten auch unbestreitbar das reichste und nuancierteste Verhalten in der Balz und werden deshalb von vielen an der Verhaltensbeobachtung interessierten Aquarianern geschätzt.

Noch einmal muß aber betont werden, daß die Balz für alle Fische eine notwendige Vorstufe des Laichens bildet und auch, wenn sie nur kurz und wenig augenfällig auftritt, zur Synchronisation der Partner für die geschlechtliche Vereinigung unentbehrlich ist. Und um Einwänden zu begegnen: Nicht nur die Liebhaber von Salmlern und Barben, Lebendgebärenden Zahnkarpfen oder Killifischen wissen, daß sich ihre Pfleglinge während der Balz von ihrer schönsten und interessantesten Seite zeigen.

Das Männchen von *Colisa chuna* tänzelt beim Führungsschwimmen flatternd vor dem Weibchen her, in einer Schwimmlage, die es sonst nie einnimmt, — kopfoben, fast senkrecht »auf dem Schwanz stehend«.

Maulbrütende Cichliden, unter anderem verschiedene *Haplochromis*-Arten, präsentieren dem Weibchen in einer sogenannten Fegebalz am ausgewählten Laichplatz die »Eiflecken« auf der Afterflosse. Über die mutmaßliche Funktion dieser Eiflecken im Zusammenhang mit dem Laichvorgang wird später noch etwas gesagt. Ob sie schon in der Balzphase eine besondere Rolle spielen, ist ungeklärt. Besonders auffällig führen das die Männchen der *Pseudocrenilabrus*-Arten vor. Sie
drücken dabei den abgebogenen Hinterkörper 128/1
und die Afterflosse an den Boden, den Vorderkörper schräg aufgerichtet. *Astatotilapia burtoni*- 128/2
Männchen krümmen zitternd den Körper und

präsentieren Breitseite und Afterflosse mit den markanten Eiflecken dem Weibchen schon während des Führungsschwimmens, aber auch noch am Laichplatz.

Bei einigen Cichliden, bei denen die Paare über mehrere Laichperioden zusammenbleiben, macht das Weibchen durch eine besondere Balz seinen Partner darauf aufmerksam, daß wieder Laichvorbereitungen zu treffen sind.

Die Weibchen von *Pelvicachromis-* und *Nano-*
*chromis-*Arten weisen dem Männchen unter hefti-
132/2, 3 gem Körperzittern ihren ohnehin laichprallen
134/3 Bauch vor. Der Signaleffekt dieses Verhaltens
wird noch verstärkt durch die in dieser Zeit besonders auffällig abgesetzte Färbung des Bauches.

Mit dem gleichen Verhalten blocken aber auch nicht laichbereite Weibchen die Aggression der Männchen ab. Ist hier die spezielle Balzhandlung zur Demutsgeste umfunktioniert oder hat sich die Balzhandlung aus ihr entwickelt?

Der zierliche Schachbrettcichlide (*Crenicara filamentosa*) gleitet in der letzten Phase der Balz mit angelegten Flossen und schlingernden Körperbewegungen über die gewählte Laichstelle und macht dabei einen so hinfälligen Eindruck, daß man als Beobachter um das Leben des Tieres fürchtet.

Dafür wirkt eine bestimmte Phase im Balzverhalten der *Geophagus-*Arten vom menschlichen Betrachterstandpunkt ausgesprochen komisch. Besonders ausgeprägt ist sie beim *Geophagus steindachneri-*Männchen. Es schwimmt schräg abwärts geneigt, den Unterkiefer dicht am Boden, langsam über den vorgesehenen Laichplatz, meist ein flacher, glatter Stein. Dabei zieht es das Maul breit und schüttelt langsam mit dem Kopf – ein unwiderstehlich erheiternder Anblick. Aber dieses Verhalten ist fester Bestandteil der Balz. Es markiert den Laichplatz für das Weibchen. Eine ungeklärte Frage ist, ob ein heller Farbfleck am Maulwinkel, eine Ei-Attrappe, dabei eine besondere Funktion hat.

134/1 Bei den kleinen Cichliden *Aequidens dorsiger*
beobachtete ich, daß die Tiere während der Balz öfter einander gegenüber standen, mit weitgeöffneten Mäulern, als ob sie sich anschrieen. Es ist schwer zu sagen, ob dieses Maulaufreißen eine für diese Art typische Balzhandlung darstellt, oder wie das Gähnen, das bei vielen Fischen gelegentlich zu beobachten ist, eine Entspannungsfunktion hat.

Das Maulaufreißen habe ich auch bei den
Goldringelgrundeln (*Brachygobius nunus*) in der 137/6, 7
Balzphase feststellen können.

Das Männchen färbt sich am Anfang der Balz 137/5
ganz hell und versucht, ein Weibchen mit pendelndem Hin- und Herschwimmen zur Laichhöhle zu locken. Ein laichbereites Weibchen folgt dieser Aufforderung zunächst bis zu ihrem Eingang. Das Männchen schwimmt jetzt in schneller Folge aus der Höhle dicht an dem wartenden Weibchen vorbei und wieder zurück und versetzt ihm bei jedem Vorbeischwimmen einen Stupser mit dem Maul auf den Kopf. Zwischendurch bleibt es im Vorbeischwimmen vor dem Weibchen stehen und reißt dabei das Maul auf.

In der letzten Phase der Balz beginnt das
Männchen, in der Höhle die vorgesehene Laich- 172/1
stelle demonstrativ zu putzen. Bis das Weibchen den immer wiederholten Lockungen folgt und gemeinsam mit dem Partner die Säuberung der Höhlenwandung für das Gelege vollendet, ist gut eine halbe Stunde vergangen.

Der Küssende Gurami (*Helostoma temminckii*) hat seinen deutschen Namen von einer Verhaltensweise, die die Assoziation zu einer Liebkosung verständlich macht. Die Tiere pressen ihre wulstigen Lippen aufeinander und bleiben mitunter sekundenlang in dieser Stellung. Das ist auch während der Balz zu beobachten. Aber es ist kein typisches Balzmerkmal, wie oft behauptet wird. Das »Küssen« ist vielmehr die besondere Form des Maulkampfes dieser Art, das häufig in den Auseinandersetzungen der Tiere auftritt. In der aggressiven Anfangsphase der Balz spielt es nur die Rolle, die Drohgebärden generell in diesem Stadium haben.

Auch beim Kammkugelfisch (*Tetraodon lorteti*) ist ein Element des Balzgebarens aus den Drohgesten des Kampfverhaltens übernommen.

1	2	7	
3	4		
5	6	8	9

1 *Betta smaragdina* in Normalfärbung

2 Beim Balzen vor dem Weibchen werden nicht nur alle Flossen zum Zerreißen gespannt, das Männchen nimmt nun auch eine viel auffallendere Färbung an

3 Ein Mosaikfadenfisch-Männchen (*Trichogaster leeri*) baut ein Schaumnest. Es trägt bereits die Balzfärbung mit der auffallend roten Kehl- und Bauchpartie

4 Das Männchen des Zwergfadenfisches (*Colisa lalia*) schafft Baumaterial für sein Nest heran

5 Das mit Pflanzenteilen hergestellte Nest wird fortwährend mit Schaumperlen unterlegt (Roter Zwergfadenfisch)

6 Schneckenbarschweibchen wie dieses von *Lamprologus magarae* versuchen, das Männchen zum leeren Schneckengehäuse zu locken, um darin abzulaichen

7 Das zur Balz prächtig gefärbte Männchen des Prachtzwerggurami (*Parosphromenus deissneri*) mit gespreizten Flossen vor dem unscheinbaren Weibchen

8 Das Männchen des Rautenflecksalmlers (*Hemigrammus caudovittatus*) treibt

9 Das Männchen versucht immer wieder, an die Seite des Weibchens zu kommen

Vorstehende Seite:
Macropodus opercularis-Männchen balzt mit gespreizten Flossen unter seinem Schaumnest, um das Weibchen anzulocken

1	2	7	8
3	4	9	
5	6		

1 Männchen des Kupfermaulbrüters (*Pseudocrenilabrus philander dispersus*) bei der typischen Fegebalz

2 Das Männchen von *Astatotilapia burtoni* balzt mit gekrümmtem Körper vor dem Weibchen. Zitternd präsentiert es dabei die Afterflosse mit den Eiattrappen

3 Bei den Schrägschwimmern (*Nannobrycon eques*) »reitet« das Männchen auf dem Weibchen

4 Ein Männchen des Zickzack-Copellas hat einen Laichplatz auf einem Blatt ausgewählt

5 Das Männchen von *Pterobrycon myrnae* spreizt während der Balz eine »Flügelschuppe« ab, die dem Weibchen ein Futtertier vortäuscht

6 Das Männchen nov *Nothobranchius foerschi* überschwimmt während der Balz das Weibchen und versucht damit, es zum Bodengrund zu dirigieren

7 Das Weibchen von *Terranatos dolichopterus*, dem Flügelflosser, wird bei der Balz vom Männchen mit aufgestellten Flossen umschwommen, die bei starker Erregung in schneller Folge auf- und abgeklappt werden

8 *Phallichthys amates*-Männchen nähern sich den Weibchen ebenfalls mit gespreizten Flossen, bleiben dann kurz seitlich neben dem Weibchen stehen und

9 ... »sperren« mit stark abgespreiztem Gonopodium vor dem Weibchen

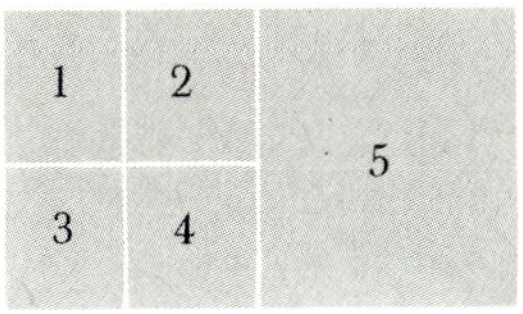

1, 2, 3, 4 Balzstudie vom Hechtkärpfling *Belonesox belizanus*

5 Männchen von *Lamprologus leleupi* balzt körperwedelnd vor dem Weibchen. Häufig reißt es dabei das Maul weit auf

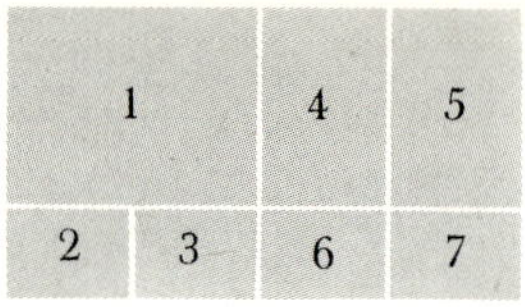

1 Kopfstudie von *Nanochromis nudiceps*

2 Bei *Nanochromis nudiceps* ist oft das Weibchen der aktivere Teil bei der Balz. Mit S-förmig gekrümmtem Körper und Körperwedeln balzt es das Männchen an

3 Immer wieder präsentiert das Weibchen stark gekrümmt seine volle Bauchpartie

4 Das Männchen von *Nothobranchius* spec. balzt meist, ohne dabei die Flossen zu spreizen. Hier versucht es, das Weibchen durch seitliches Überschwimmen zum Bodengrund zu drängen

5 Männchen von *Nothobranchius palmquisti* beim Balzen vor dem Weibchen

6 Männchen des Schmetterlingsbuntbarsches (*Papiliochromis ramirezi*) balzt mit gespreizten Flossen über dem späteren Laichplatz

7 Männchen von *Popondetta fucata* in Balzhaltung

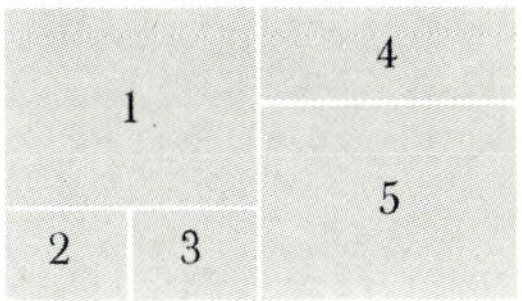

1 Aggressive Handlungen werden während der Balz mehr und mehr abgebaut. In der Anfangsphase der Balz drohen sich diese *Aequidens dorsiger* noch hin und wieder an. Zur Beschwichtigung des Männchens nimmt das Weibchen dann eine Demutshaltung ein

2 Das Weibchen von *Pelvicachromis subocellatus* mit rot gefärbtem Bauch vor dem Männchen. Kurz vor dem Laichen zeigt das Weibchen seine Laichbereitschaft durch eine dunkle Färbung der Bauchpartie an

3 Auch das Weibchen von *Nanochromis dimidiatus* signalisiert Laichbereitschaft durch intensive Färbung und fortwährendes Präsentieren der starken Bauchpartie

4 Blattfische (*Monocirrhus polyacanthus*) balzen im Zeitlupentempo

5 Das balzende *Apistogramma cacatuoides*-Männchen »bewirft« das Weibchen durch ruckhaftes Körperwedeln ununterbrochen mit einem Wasserschwall

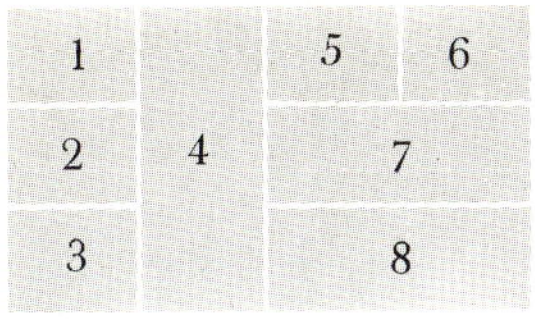

1 Normal gefärbtes Männchen von *Polycentrus schomburgki*

2 Noch nicht laichbereite Weibchen von *Glossolepis incisus* werden in die Seite gestupst

3 Das balzende Männchen von *Polycentrus schomburgki* hat eine tiefdunkle Färbung angenommen

4 Balzendes Männchen von *Glossolepis incisus*

6 Ein Männchen der Goldringelgrundel (*Brachygobius nunus*) hat ein leeres Schneckengehäuse belegt und verteidigt es

5 Nähert sich ein Weibchen, färbt sich das Männchen um und versucht das Weibchen durch Führungsschwimmen in die Höhle zu locken

7 Man ist versucht anzunehmen, das Männchen »schreit« das Weibchen an, da es nicht zügig genug folgt

8 Endlich ist das Weibchen in der Höhle, das Männchen scheint sich von der anstrengenden Balz erst einmal zu erholen

1	3	4
2	5	6

1 Männchen des Filigranregenbogenfisches (*Iriatherina werneri*) balzt mit gespreizten Flossen vor dem Weibchen

2 *Cichlasoma nicaraguense* zeigt beim Balzen auch noch einige Elemente des Drohverhaltens, wie hier das Ausfahren des Kiemensackes

3 Zufluß zum Rio Abacaxis/Brasilien. Fundort von *Boulengerella maculata* und einem *Apistogramma* spec.

4 Dieser Gelbkopf-*Apistogramma* zeigt die gelbe Färbung des Kopfes nur bei der Balz so intensiv

5 Laichbereite Weibchen von *Apistogramma cacatuoides* schwimmen zielstrebig auf die Seite des balzenden Männchens zu und stupsen es in die Bauchgegend

6 Das Männchen folgt dann dem Weibchen in die Höhle

Folgende Seite: Die Prachtfärbung des Kammkugelfisches kommt bei dieser Kopfstudie besonders gut zum Ausdruck

Neben einer charakteristischen Farbänderung
113/7 tritt bei ihm auf dem Rücken ein Kamm und am Bauch ein roter Kiel vor. Insgesamt wirkt das so »aufgeblasene« Männchen von der Seite gesehen größer, imponierender. Diese Breitseite bietet es dem Weibchen in der Balz dar und krümmt dabei den Hinterkörper seitlich ab. Das Drohverhalten ist Bestandteil des Führungsschwimmens geworden, mit dem das Weibchen zur Laichstelle gelockt wird.

Die ausgesuchte Laichstelle, Büschel feinfiedriger Pflanzen, markiert das Männchen, indem es dort demonstrativ stehen bleibt. Immer wieder hin- und herpendelnd zwischen dem Pflanzenbüschel und dem noch zögernd folgenden Weibchen, gelingt es ihm schließlich, das Weibchen zum Folgen zu veranlassen. Die endgültige Festlegung des Laichplatzes zwischen den Pflanzenstengeln übernimmt das Weibchen.

Auffälliges Kopf- und Körperschütteln als Element des Balzverhaltens kommt bei Fischen ganz verschiedener Art nicht selten vor. Bei Regenbo-
136/2, 4 genfischen (*Melanotaenia, Glossolepis*) gehört es zum Balzverhalten der Männchen, die vor oder neben dem Weibchen stehend, in schneller Folge den Kopf schütteln. Auch der Hochlandkärpfling (*Xenotoca eiseni*) stellt sich körperschüttelnd quer und leicht schräg vor dem Weibchen auf. Das paarungswillige Weibchen zeigt daraufhin seine Bereitschaft ebenfalls mit heftigem Kopfschütteln. Im gleichen funktionellen Zusammenhang erscheint das Kopfschütteln schließlich auch beim Schmetterlingsfisch (*Pantodon buchholzi*). Das Männchen versucht, aus dem Balzschwimmen um das Weibchen herum an seine Seite zu gelangen. Ein nicht laichbereites Weibchen entzieht sich diesen Annäherungsversuchen durch die Flucht. Durch die Balz stimulierte und paarungswillige Weibchen aber bleiben stehen und schütteln dabei heftig mit dem Kopf.

Möglicherweise ist dieses auffällige Kopfschütteln, das Rütteln wie auch z. B. das Körperzittern, das viele Cichliden während der Balz zeigen, primär ein Ausdruck des nervalen Spannungszustands, in dem sich die Tiere befinden, und erst sekundär als Signal oder Signalverstärkung im Balzgeschehen zu verstehen.

Charakteristische Elemente, die den für die Paarung notwendigen engen Körperkontakt vorbereiten, zeigen sich im Balzverhalten von Schwarmfischen, aber auch anderer Fischgruppen. Stupsende Maulbewegungen in die Genitalbereiche gehören dazu, aber auch Schwimmweisen, die die sonst streng eingehaltene Individualdistanz verringern. Das sogenannte »Reiten« der Männchen auf dem Rücken der Weibchen etwa bei Salmlern der Gattung *Nannostomus* und der Eierlegenden Zahnkarpfen der Gattung *Nothobranchius* ist in diesem Zusammenhang zu sehen.

Eine außergewöhnliche Methode, diese Distanzverringerung und die Einstimmung auf das Laichen zu erreichen, zeigt die Balz des Zwergdrachenflossers (*Corynopoma riisei*). Das Männchen besitzt am Kiemendeckel eine fadenförmige Verlängerung, die in einer kleinen löffelartigen Verdickung endet. Beim Balzschwimmen vor dem Weibchen spreizt das Männchen dieses Gebilde von Zeit zu Zeit vom Körper ab und versetzt es gleichzeitig in zuckende Bewegung. Die in der Balzzeit dunkel verfärbte Verdickung ähnelt täuschend einem kleinen Futtertier. Das Weibchen läßt sich von dieser »Attrappe« auch wirklich täuschen und schnappt danach. Die stimulierende Wirkung dieser Berührung auf das Männchen ist sehr wahrscheinlich – sie wird auch während des Laichens selbst erkennbar.

Führungsschwimmen gibt es auch bei Fischarten, die kein Revier bilden. Männchen versuchen damit, paarungsbereite Weibchen aus dem Schwarm oder der Gruppe zur Paarung herauszulocken oder sie zu einer günstigen Laichstelle über feinfiedrigen Pflanzen zu bringen. Es tritt um so deutlicher in Erscheinung, je fester die Bindung an einen bestimmten Laichplatz ist.

Das Männchen des Zick-Zack-Copella (*Copella* 128/4
metae) schwimmt ruckartig mit eigentümlich fächelnden Körperbewegungen über die ausgewählte Laichstelle und versucht, nach dieser Markierung ein laichbereites Weibchen durch Führungsschwimmen anzulocken. Ein angedeutetes

Führungsschwimmen, mit dem die Weibchen zur Kopulation aus der Gruppe herausgelockt werden, kann man auch bei Lebendgebärenden Zahnkarpfen beobachten. Charakteristisches Merkmal ihrer Balz ist aber das sogenannte Sperren.

Die Balz des Guppy-Männchens (*Poecilia reticulata*) beginnt noch in der lockeren Gruppe. Es schwimmt von hinten-unten an ein Weibchen heran und stupst es in die Genitalgegend. Einige Augenblicke schwimmt das Paar gemeinsam hastig weiter, das Männchen dicht über dem Weibchen. Aus dieser Schwimmposition heraus stößt das Männchen ruckartig nach vorn und stellt sich, den Körper S-förmig gespannt, dem Weibchen in den Weg – es »sperrt«. Aus diesem Sperren entwickelt sich ein ruckhaft flatternder Tanz vor dem Weibchen, immer wieder von Sperrbewegungen mit S-förmig gekrümmtem Körper unterbrochen.

Ist das Weibchen kopulationsbereit, folgt es dieser Aufforderung. Aber – glücklicherweise für den Betrachter – selten hat die erste Aufforderung Erfolg. Das Weibchen läßt sich nicht beeindrucken, so daß häufige Wiederholungen des Balztanzes der Guppys das Aquarium reizvoll beleben.

Das Sperren des Männchens zeigt sich auch in der Balz anderer Lebendgebärender, wie z. B. des Schwertträgers (*Xiphophorus helleri*).

Das Männchen folgt dem Weibchen (große Weibchen werden deutlich bevorzugt!) eine Weile in einem festen Abstand, nähert sich dann ruckartig von hinten und berührt mit dem Maul tupfend Rücken und Bauch der Erwählten.

Weibchen, die nicht kopulationsbereit sind, schwimmen schneller weiter und versuchen, das Männchen abzuschütteln. Das geht jedoch das höhere Tempo mit, schießt schließlich blitzschnell vor das Weibchen und verlegt ihm in T-Stellung den Weg. Aus dem Sperren heraus schwimmt das Männchen in einem kleinen Kreisbogen rückwärts neben das Weibchen, bleibt aber noch eine halbe Körperlänge vor der Partnerin. Die jetzt folgenden »wiegenden« Vorwärts- und Rückwärtsbewegungen des Männchens, seitlich und vor dem Weibchen, gaben dieser Verhaltensphase den Namen Wiegebalz. Bleibt das Weibchen nach dieser Einladung zur Paarung stehen, schwimmt das Männchen blitzschnell um das Weibchen herum und nähert sich ihm mit nach vorn gestelltem Kopulationsorgan.

Auffällig ist beim Sperren verschiedener Schwertträgerarten, daß der Schwertfortsatz der Schwanzflosse in artcharakteristischer Weise unterschiedlich gehalten wird. Bei *Xiphophorus montezumae cortezi* beispielsweise wird der Schwertfortsatz beim Sperren vom Weibchen weggebogen. Eine andere Unterart, *Xiphophorus montezumae montezumae* zeigt je nach dem Grad der Erregung beide Formen, also Sperren mit und ohne Wegbiegen des Schwerts. Das gleiche tritt auf bei Kreuzungstieren von *Xiphophorus helleri* und *Xiphophorus montezumae cortezi*.

Das Interessante an solchen Feinheiten, an den kleinen Abweichungen im Balzverhalten nahe verwandter Arten ist, daß daraus Schlüsse zu ziehen sind auf die evolutionäre Auseinanderentwicklung der Arten, die aus morphologischen Befunden gewonnene Vorstellungen über verwandtschaftliche Beziehungen ergänzen oder auch korrigieren können.

Fortpflanzung der Fische – Paarung näher betrachtet

Beim Laichvorgang werden die Geschlechtsprodukte der beteiligten Partner zusammengebracht. Die Besamung der Eier erfolgt in der Regel im Wasser, seltener im Körper des Weibchens. Mit der Befruchtung – der Verschmelzung der männlichen mit der weiblichen Geschlechtszelle zur Zygote – beginnt die Entwicklung des neuen Lebens.

Das Wasser begrenzt die Lebens- und Befruchtungsfähigkeit der Spermien. Es reduziert die Zeitspanne, innerhalb derer eine Befruchtung möglich wird, auf wenige Sekunden, maximal bis zu einer Minute. Einen wesentlichen Einfluß auf die Befruchtungsfähigkeit hat der Chemismus des Wassers, besonders die Karbonathärte.

Bei Nachzuchtversuchen von Fischarten, die aus extrem mineralarmen und sauren Gewässern stammen, sog. Schwarzwasserfischen, führte die Unkenntnis dieser Zusammenhänge früher häufig zu Mißerfolgen. Die Spermien büßten in dem verwendeten härteren Zuchtwasser zu rasch ihre Befruchtungsfähigkeit ein. Die Eier blieben unbefruchtet.

Unabhängig von Anpassungen an die besondere Qualität des Wassers besteht die generelle Aufgabe der Paarung der Fische darin, den Weg des Spermas zum Ei so kurz wie möglich zu gestalten und so einen maximalen Befruchtungserfolg zu sichern. Diese Aufgabe löste die Evolution der Fische auf ganz unterschiedliche Weise.

Die meisten Fischarten geben Eier und Samen gleichzeitig und auf engstem Raum, nicht selten im direkten Körperkontakt, ab. Bei anderen Arten werden zuerst die Eier auf einem Substrat abgelegt und anschließend besamt. Und schließlich entstanden auch Paarungsformen, bei denen die Samenübertragung mittels Kopulation erfolgt und die Befruchtung im weiblichen Organismus stattfindet.

Die differenzierten Formen der äußeren Besamung dominieren aber bei weitem gegenüber der inneren Besamung, die vor allem bei Lebendgebärenden Zahnkarpfen entstanden ist.

Die kürzesten Laichakte, die in Sekundenbruchteilen ablaufen, sind bei Salmlern zu beobachten. Salmler laichen als typische Schwarmfische im flachen Wasser der großen Überschwemmungsgebiete, die sie in der Regenzeit ihrer tropischen Heimat aufsuchen. Im Schwarmverband bedrängen die paarungsstimulierten Männchen die laichvollen Weibchen – sie »treiben«. Mit den schon im Abschnitt Balz beschriebenen charakteristischen Schwimmformen und taktilen Reizen wird in dieser Vorbereitungsphase die notwendige Synchronisation für die Paarung erreicht. Vermutlich führen die Balzreize in kurzer Zeit zu den hormonellen Umstellungen im Organismus der Weibchen, die die endgültige Ausreifung der Eier bewirken.

Beobachtungen aus der Nutzfischzucht sprechen für die kurze Dauer der letzten Eireifungsphase. Karpfenweibchen, die von den Männchen getrennt gehalten werden, setzen Laich an. Sie lassen sich aber nicht »streifen«. Man bezeichnet mit diesem Wort das Abdrücken des Laichs von Hand in flache Schalen, wo er mit der Milch, dem Samen der männlichen Tiere vermischt wird, um hohe Befruchtungsergebnisse zu sichern. Erst wenn man die Karpfenweibchen mit den Männchen zusammengebracht hat, gelingt das Streifen wenige Stunden nach Beginn der Balz – die Eier sind ausgereift. Durch Injektion entsprechender Sexualhormone wird heute der gleiche Effekt erreicht. Übrigens wird dieses Verfahren auch bei einigen Aquarienfischen angewendet, die sich bis dahin Zuchtbemühungen widersetzt haben, z. B. bei *Acanthophthalmus myersi, Labeo bicolor, Ctenopoma acutirostre.*

Im Aquarium beobachtet man bei Salmlern, daß ein paarungsbereites Weibchen auf die Werbung reagiert, indem es langsamer schwimmt
158/2 und so dem Männchen Gelegenheit bietet, sich
159/6 ihm seitlich zu nähern. Nebeneinander schwimmend, sondert sich das Paar vom Schwarm ab und sucht feinfiedrige Wasserpflanzen oder die Wurzelbärte von Schwimmpflanzen auf. Die Synchronisation der Bewegungen und des Erregungszustandes erreicht den Höhepunkt in dem Augenblick, da die Tiere zum entscheidenden letzten Bewegungsablauf der Paarung ansetzen.

Aus der langsamen parallelen Bewegung, fast aus der Ruhelage, schnellt sich das Paar ruckartig nach vorn-oben. In dieser rasanten Bewegung
158/4 umschlingt das Männchen seine Partnerin mit dem Hinterkörper. Dabei befinden sich die Genitalöffnungen in enger Nachbarschaft, wenn gleichzeitig Eier und Spermien ausgestoßen werden. Das Paar trennt sich dann ebenso schnell, wie es sich aneinandergepreßt hat. Die besamten
158/3 Eier wirbeln durcheinander und schweben nach der Trennung des Laichpaares langsam zu Boden oder bleiben zwischen den Pflanzen hängen.

Der Laichzyklus der Salmler beginnt mit mehreren Versuchen, sog. Scheinpaarungen, bei denen noch keine Eier austreten. Ob dabei vielleicht schon Sperma abgegeben wird, ist nicht bekannt. Mit Scheinpaarungen endet ein Zyklus, wenn der Eivorrat des Weibchens aufgebraucht ist.

Die Eizahlen bei Salmlern schwanken artabhängig und in Relation zum Alter der Tiere und ihrem Allgemeinzustand zwischen 200 und 2 000. Ein Zyklus nimmt mit der Serie von Einzelpaarungen und den dazwischenliegenden Pausen bis zu drei Stunden in Anspruch. Zwischen den Laichzyklen liegen in der Fortpflanzungszeit 7 bis 14 Tage. Während dieser Zeit reift im Weibchen der neue Eischub heran.

Dieses Grundschema des Paarungsablaufs ist bei den meisten Salmlern mit größeren oder geringeren Abweichungen im Detail zu erkennen. Änderungen im Ablauf sind aber nicht nur durch Unterschiede von Art zu Art begründet, sondern häufig auch auf individuelle Besonderheiten der Paarungspartner zurückzuführen. In der Balz werden dementsprechend nicht nur die genetisch programmierten Schritte der allgemeinen Paarungssynchronisation ausgelöst; sie dient auch dem Erkennen der individuellen Besonderheiten, von denen der Paarungserfolg abhängt.

Ein deutlich von dem beschriebenen Grundschema abweichendes Paarungsverhalten zeigen
Salmler der Gattungen *Prionobrama* und *Hemi-* 127/8, 9
grammus. Sie laichen im Gegensatz zu anderen Arten, die Bodennähe und dichte Pflanzenbestände bevorzugen, direkt unter der Wasseroberfläche.

Bei *Prionobrama filigera* geraten die Paarungspartner bei dem rasanten Ablauf der Paarung sogar mit Körper- und Flossenteilen über die Wasseroberfläche hinaus. Der bei ihren Wendungen
entstehende Strudel ist im Foto deutlich zu erken- 159/7
nen. Die Eier sind im Aquarium auf ihrem langen
Weg von der Oberfläche zum Grund stark gefähr- 159/5
det. Unter natürlichen Bedingungen dürften diese Fische vermutlich sehr flache Stellen als Laichplatz wählen.

Etwas länger dauert die Paarung bei Schlanksalmlern der Gattung *Nannostomus.* Das für ihre Balz charakteristische »Reiten« wurde schon (vgl. S. 141) erwähnt. Das Weibchen sucht den Ablaichplatz, meist ein Wasserpflanzenblatt, und

preßt sich mit dem Hinterkörper dagegen. Das Männchen, das während des Suchens dicht neben oder hinter der Partnerin geblieben ist, legt sich
162/1, 2 dazu und drückt seine Afterflosse an den Genitalbereich des Weibchens. Mit den Hinterkörpern aneinandergeschmiegt, die Vorderkörper leicht voneinander abgebogen, stößt das Paar unter leichtem Zittern Eier und Spermien aus. Die besamten Eier haften an der Unterlage, wenn das Zuchtwasser dem ihres natürlichen Biotops ähnelt. Mit zunehmender Wasserhärte verringert sich die Haftfähigkeit der Eier rasch. Darin liegt ein Grund dafür, daß Zuchtversuche beim Zwergziersalmler (*Nannostomus marginatus*) oft nicht die erhofften Ergebnisse bringen.

Schlanksalmler produzieren verhältnismäßig wenige Eier. Durch ihre Haftfähigkeit auf dem Laichsubstrat sind sie geringer gefährdet als Eier, die frei im Wasser abgegeben und beim Herabrieseln zum Grund von anderen Fischen, aber auch von den Eltern selbst gefressen werden. Schlanksalmler sind durch ihre stammesgeschichtliche Entwicklung auf haftende Gelege programmiert. An diesen Eiern vergreifen sie sich auch nicht. Wenn aber durch zu große Wasserhärte die Eier ihre Haftfähigkeit eingebüßt haben und frei im Wasser schweben, vermitteln sie den Bewegungsreiz lebenden Futters, dem die Salmler nicht widerstehen. Vom Gelege bleibt unter diesen Umständen wenig oder nichts übrig.

Barben zeigen als Schwarmfische Ähnlichkeiten zum Laichverhalten der Salmler. Auch die Barben beginnen die Balz im Schwarm und sondern sich in der Regel zur Paarung ab. Für die Partnerwahl sind offensichtlich visuelle Reize bedeutsam. Die Männchen bevorzugen Weibchen mit starkem Laichansatz. Das durch die Balz stimulierte Weibchen sucht, vom Männchen gefolgt, den günstigsten Laichplatz. Wie die meisten Salmler schätzen die Barben feinfiedrige Wasserpflanzen, in denen die Eier, oft glasklar-durchsichtig, hängen bleiben. Für die Auslösung des Laichvorgangs ist die enge Berührung der Partner erforderlich. Das Männchen schlägt seinen Hinterkörper über den Rücken des Weibchens, oft auch noch um die Rückenflosse herum. Die Vorderkörper angehoben, stößt das Paar unter heftigem Zittern gleichzeitig Eier und Spermien aus. Sofort danach trennen sich die Partner.

Die Haftfähigkeit der bis zu 2000 Eier ist artverschieden, vermutlich auch vom Chemismus des Wassers abhängig.

Der eigentliche Laichvorgang ist sehr kurz, wenn auch im allgemeinen nicht ganz so rasant
verlaufend wie bei Salmlern. Keilfleckbarben 162/3
(*Rasbora heteromorpha*) heften ihre Eier meist an die Unterseite schräg stehender Wasserpflanzenblätter.

Zu den Besonderheiten im Laichvorgang Eierlegender Zahnkarpfen ist schon im Zusammenhang mit der Kommunikationsfunktion taktiler Reize etwas gesagt worden (vgl. S. 32).

Viele Vertreter dieser vielgestaltigen Fischgruppe sind ausgesprochene »Saisonfische«. Sie leben in Gewässern, die während der Trockenzeit »verschwinden«. Nur im weichen Bodengrund bleibt noch der Rest Feuchtigkeit, der die Existenz der festschaligen Eier bis zum nächsten Regenfall sichert.

Bei der Paarung der *Nothobranchius*-Arten 163/6
wird das bei jedem Laichakt abgegebene und besamte Ei durch den kräftigen Schwanzschlag, mit dem sich die Tiere trennen, in den Boden befördert.

Paare von *Cynolebias whitei* dringen gemein- 163/7
sam in den Grund ein und laichen dort. Die »Bodenlaicher« unter den Eierlegenden Zahnkarpfen sichern auf diese Weise die Existenz der Art. Sie laichen, solange sie in ihrem austrocknenden Lebensraum Bewegungsmöglichkeiten haben.

Nicht-annuelle Arten, d. h. Eierlegende Zahnkarpfen aus Gewässern, die nicht periodisch austrocknen, sind in der Regel Haftlaicher. Ihre Paa-
rung ist durch engen Körperkontakt im Genital- 163/5
bereich gekennzeichnet. Die Tiere krümmen sich im Moment des Ablaichens S-förmig, den Hinterkörper aneinandergedrückt. Die dickschaligen Eier sind bei einigen Arten mit einem Haftfaden versehen, mit dem sie in den Pflanzen des Ablaichorts hängenbleiben.

Haftfäden finden sich auch an den Eiern der Regenbogenfische. Viele ansprechend gefärbte Arten gehören zu den Regenbogenfischen, die als Dauerlaicher während der Fortpflanzungsperiode täglich 2- bis 3mal ablaichen und dabei bis zu 200 Eier abgeben. Besonders prächtig zeigt sich in der Laichzeit der Purpur-Regenbogen-
165/3 fisch (*Glossolepis incisus*). Das Männchen strahlt wirklich purpurrot, während die Weibchen grau bis goldgelb erscheinen. Bei Balz und Paarung ist in einer größeren Gruppe mit mehreren Männchen klar eine Rangordnung zu erkennen. Das dominierende Männchen beginnt die Balz und führt die Auserwählte aus einem schönen Flattertanz heraus zum Laichplatz, vorzugsweise Büschel von zarten Wasserpflanzen. Über diesen Pflanzen erfolgt die Paarung. Dicht aneinander-
165/4 geschmiegt verharrt das Paar, bis ein leichtes Zittern den Austritt von Eiern und Spermien signalisiert.

165/2 Das Ausstoßen der Geschlechtsprodukte und das folgende blitzschnelle Trennen der Partner dauert nur einen Moment. Das Weibchen dreht
165/3 sich beim Auseinanderschwimmen rasant im Kreise, wodurch die Eier durcheinandergewirbelt und in die Pflanzen verteilt werden.

Engen Kontakt bei der Paarung zeigen Labyrinthfische. In dieser großen und differenzierten Fischgruppe sind Beziehungen zwischen der Dauer von Balz und Paarungsvorgang zu erfassen, die — mit gebotener Vorsicht — auch auf andere Fischgruppen übertragbar sind. Fische, die sehr schnell ablaichen, balzen auch nur kurz vor dem Laichen.

Bei Labyrinthfischen ist das bei den Freilaichern zu beobachten. Diese Fische sind außerhalb der Laichzeit Einzelgänger, die Geschlechter unterscheiden sich äußerlich kaum. Erst laichreife Weibchen sind deutlich am stark geschwollenen Bauch zu erkennen. Ob es tatsächlich dieser optische Reiz ist, der die Annäherung des Männchens auslöst, oder andere Kommunikationsformen beteiligt, vielleicht sogar bestimmend sind (Sexualpheromone, die Laichbereitschaft signalisieren), muß vorläufig dahingestellt bleiben.

Ein Männchen des Küssenden Gurami (*Helostoma temminckii*) stellt sich dem laichbereiten Weibchen in Imponierhaltung als Geschlechtspartner dar, schwimmt seitlich an das Weibchen heran und stupst es mit dem geöffneten, dicklippigen Maul in Brust- und Bauchpartie. Es folgt ein angedeutetes Umkreisen, dem sich die kurze Umschlingung sofort anschließt. Sie dauert kaum eine Sekunde, und wenn sich die Tiere wieder trennen, steigen die glasklaren Eier langsam zur Wasseroberfläche. Pro Laichakt sind es beim Küssenden Gurami gewöhnlich mehrere Hundert — in einem Laichzyklus können es ohne weiteres 10 000 Eier werden.

Ebenso kurze Balz- und Laichabläufe beobachtet man beim Kletterfisch *Anabas testudineus*, und auch die freilaichenden afrikanischen Labyrinthfische der Gattung *Ctenopoma*, die allerdings wegen ihrer Größe und Unverträglichkeit nur selten im Aquarium gehalten werden, zeigen dieses Verhalten.

Die schaumnestbauenden Labyrinthfische balzen ausgiebiger, und der Paarungsvorgang dauert wesentlich länger. Diese Labyrinthfische — Südostasiaten und Afrikaner — demonstrieren ein umfangreiches und interessantes Verhaltensinventar von der Balz über die Paarung bis zur Brutpflege. Das Beispiel des Zwergfadenfischs (*Colisa lalia*) ist schon (vgl. S. 122) ausführlicher dargestellt worden.

Die *Colisa*-Arten haben einen ausgeprägten Geschlechtsdimorphismus entwickelt — die attraktiv gefärbten Männchen stechen die viel unscheinbareren Weibchen aus.

Bei den *Trichogaster*-Arten ist der Geschlechtsunterschied weniger deutlich, für den Kenner aber doch unschwer auszumachen. Die Flossen des Männchens, vor allem die Rückenflosse, sind großflächiger und spitz ausgezogen.

Einer der prächtigsten ist der Mosaikfadenfisch (*Trichogaster leeri*). Vor allem während der Fortpflanzungszeit ist der Körper der Tiere wie mit Reihen von Edelsteinen besät. Die Kehl- und

Brustpartie der revierverteidigenden Männchen
126/3 strahlt in intensiven Rottönen, der Kontrast in der an sich zarten Färbung vertieft sich. Der wunderschönen, eleganten Balz folgt das Weibchen unter das Schaumnest. Hier folgt die eigentliche Paarung. Das Männchen bietet die in leichtem Bogen gekrümmte Seite dar. In diese Krümmung schwimmt das Weibchen ein, die gleitende Berührung löst die Umschlingungsreaktion aus. Fest umschlungen dreht sich das Paar, bis die Bauchseite des Weibchens nach oben gerichtet ist. Kurze Zeit später zeigt ein deutlicher Ruck,
166/3 der durch die Körper der Tiere läuft, die Ejakulation der Geschlechtsprodukte an. Ein Laichzyklus beginnt aber zunächst mit einigen »Scheinpaarungen«, bevor deutlich erkennbar die Eier hervorquellen und zur Wasseroberfläche aufsteigen.
166/2, 4 Die Tiere lösen danach die Umschlingung, und das Weibchen schwimmt beiseite, während das Männchen die treibenden Eier zusammenträgt und im Schaumnest konzentriert. Nachdem sie mit feinsten Luftbläschen unterlegt sind, folgt eine neue Paarung. In einem Laichzyklus werden im Verlauf von ein bis zwei Stunden annähernd 2000 Eier abgegeben und danach vom Männchen bewacht und gepflegt bis zum Freischwimmen der Jungfische.

Freilaichende Labyrinthfische balzen kurz und laichen in Sekundenschnelle. Die sehr zahlreichen Eier bleiben ungeschützt. Schaumnestbauende Labyrinthfische balzen länger, der einzelne Laichakt dauert bis zu 30 Sekunden, die Eier werden beschützt und betreut.

Ein Zusammenhang zwischen Größe und Stabilität des Schaumnestes, der Zahl der Eier und der Intensität und Dauer der Brutpflege scheint mir auch gegeben, obwohl gezielte Untersuchungen dazu offenbar noch nicht angestellt worden sind.

Das recht stabile, von Pflanzenfasern durchsetzte Schaumnest von *Colisa lalia* ist längst nicht das größte Bauwerk der Labyrinthfische. Neben dem kugelförmigen Nest des Gurami (*Osphronemus guramy*) fällt der kunstvolle Bau des Mondscheinfadenfischs (*Trichogaster microlepis*) auf, in dem oft ganze Wasserpflanzen verarbeitet sind. Das Nest erreicht Durchmesser von 25 cm und 8 cm Höhe. In einem solchen Nest ist das Gelege und die Brut ziemlich sicher vor Feinden geschützt; intensive Brutpflege konnte ich bei *Trichogaster microlepis* nicht beobachten.

Offensichtlich bieten das umfangreiche und dauerhafte Nest und die recht hohe Eizahl (bis 4000 Eier) ausreichend Garantie für den Fortbestand der Art. Jedenfalls scheinen diese Fische nicht vom Aussterben bedroht, auch dort nicht, wo sie traditionell als Speisefische geschätzt und an allen Ecken angeboten werden, wie in Thailand.

Auf der anderen Seite verwendet der Ceylonmakropode (*Belontia signata*) nur geringe Sorgfalt auf den Bau. Einige Luftbläschen unter einem schützenden Wasserpflanzenblatt bieten nicht viel mehr als die Andeutung eines Schaumnestes. Dafür werden aber Laich, Larven und – im Gegensatz zu allen anderen Labyrinthfischen – sogar noch die freischwimmenden Jungfische von beiden Laichpartnern gepflegt und geschützt.

Bei Labyrinthfischen der Gattungen *Betta, Pseudobetta, Trichopsis* und *Pseudosphromenus* sind die meist weißlich gefärbten Eier schwerer als Wasser und sinken auf den Grund. Daraus resultieren kleinere Abweichungen im Laichverhalten gegenüber den vorher genannten schaumnestbauenden Arten. So werden beispielsweise bei *Trichopsis*-Arten nicht einzelne Eier,
sondern Eipakete abgegeben. 167/5, 6

Stärkere Unterschiede finden wir bei den aquaristisch noch weniger bekannten Arten der Gattungen *Malpulutta* und *Parosphromenus.*

Malpulutta kretseri laichen unter dem Schaumnest. Sie legen noch ein richtiges Schaumnest unter dem Höhlendach an, bei den *Parosphromenus* sind nur noch einige einzelne Luftbläschen zu sehen.

Das *Malpulutta kretseri*-Männchen umschlingt seine Laichpartnerin von unten her, so daß sie in normaler Schwimmlage bleibt. Die austretenden Eier werden auf der Afterflosse des Männchens abgelegt. Miteinander in der Laichstellung verbunden, sinkt das Paar langsam auf den Bodengrund. Dort lockert das Männchen seine Umschlingung, bleibt aber noch regungslos leicht gekrümmt auf der Seite liegen, bis das Weibchen die Eier von seiner Afterflosse aufgesammelt hat.

Bei den *Parosphromenus*-Arten verharrt das Weibchen an der Stelle, wo sich Umschlingung, Laichausstoß und Besamung abspielten. Das Männchen sinkt, die abgelegten Eier auf der Afterflosse, einige Zentimeter abwärts und steigt dann, immer noch in U-Stellung, langsam wieder auf, erwartet von dem kopfabwärts stehenden Weibchen, das jetzt erst die Eier von der After-
168/1 flosse aufnimmt und sie an die Decke der Bruthöhle hängt.

Eine dritte Gruppe der Labyrinthfische ist zur Maulbrutpflege übergegangen. Dazu gehören *Pseudobetta*-Arten und der Schokoladengurami (*Sphaerichthys osphromenoides*). Daraus ergeben sich auch andere Formen des Ablaichverhaltens.

Schokoladenguramis laichen direkt am Bodengrund. Laichreife Weibchen, gut erkennbar an der aufgehellten starken Bauchpartie, suchen nach einem Männchen und balzen es quergestellt mit gespreizten Flossen an. Hat sich ein Paar gefunden, wählt es gemeinsam einen geeigneten Laichplatz. Die Umkreisungen erfolgen jetzt vor allem an dieser Stelle, wodurch sich im weichen Bodengrund eine flache Grube ausbildet. Zahlreiche Scheinpaarungen, bei denen das Weibchen
167/7 nur leicht, andeutungsweise umschlungen wird, folgen rasch aufeinander. Der eigentliche Laichakt – es gibt im Gegensatz zu anderen Labyrinthfischen nur einen! – ist daran zu erkennen, daß ein leichtes Zittern durch den Körper des umschlingenden Männchens läuft. Unmittelbar darauf stößt das Weibchen die gelblichweißen
167/8 Eier auf einmal aus. Nach einigen Sekunden, in denen das Männchen wieder normale Schwimmlage einnimmt, beginnt das Weibchen, die Eier einzusammeln und im Kehlsack zu verstauen. Es erhält dabei schließlich die Hilfe des Männchens, das die letzten Eier aufnimmt und dem Weibchen einzeln vor das Maul spuckt.

Die maulbrütenden *Pseudobetta*-Arten laichen ebenfalls am Bodengrund in inniger Umschlingung. Die beim Laichakt auf der Afterflosse des Männchens abgelegten Eier nimmt das Weibchen, aus der Umklammerung entlassen, mit dem Maul auf und spuckt sie vor das Männchen. Das reagiert jedoch nicht gleich auf die Aufforderung,
so daß das Weibchen gezwungen ist, die Eier er- 170/1–3
neut einzusammeln. Es spuckt sie wieder und wieder dem Männchen vor, bis das endlich, zum Zuschnappen animiert,die Eier übernimmt. Erst wenn die erste Eiserie im Maul des Männchens verstaut ist, folgt die nächste Paarung ohne erkennbare Balzhandlungen. Dann schwimmt das Weibchen seitlich an das Männchen heran, das sich etwas schräg geneigt hat, das Weibchen an seinem Körper hochgleiten läßt und zum Laichakt umschlingt. Ein Laichzyklus kann bis zu 9 Stunden dauern, im Maul des Männchens befinden sich schließlich annähernd 150 Eier. Nach dem Laichen gibt es keine Bindung mehr zwischen den Partnern.

Die große Gruppe der Cichliden hat schon seit dem Import ihres ersten Vertreters, des Chanchito (*Cichlasoma facetum*) aus Südamerika die Aufmerksamkeit der Aquarianer auf sich gezogen und später auch die Verhaltensforschung viel beschäftigt. Die ungewöhnliche Gestalt des Segelflossers (*Pterophyllum scalare*), die prachtvollen Diskus (*Symphysodon discus*) haben dieses Interesse genährt, und seit der Bekanntschaft mit der vielgestaltigen Cichlidenfauna der großen Seen des ostafrikanischen Grabenbruchs sind Cichliden fast zu »Mode«-Fischen geworden. Ein wesentlicher Grund für das aquaristische Interesse an Cichliden liegt in ihrem Fortpflanzungsverhalten, in der intensiven Balz, dem differenzierten Laichgebaren und der Brutpflege.

Ein auffälliger Unterschied zu den meisten anderen Fischarten zeigt sich im Laichvorgang. Eiabgabe und Besamung erfolgen nicht gleichzeitig, sondern zeitlich versetzt. Deshalb ist der enge Körperkontakt, in vielen Fischgattungen notwendige Voraussetzung für die exakte Synchronisierung der Abgabe der Geschlechtsprodukte, bei ihnen nicht erforderlich.

Nach äußerlichen Kriterien, die nichts mit natürlichen Verwandtschaftsbeziehungen zu tun haben, unterscheidet man bei den Cichliden nach der Art ihres Fortpflanzungsverhaltens einige typische Gruppen:

Offenbrüter, die ihr Gelege offen, vor Sicht wenig geschützt, auf einer festen Unterlage, auf einem flächigen Stein, auf glatten Wurzeln oder derben Wasserpflanzenblättern anheften; Höhlen- oder Versteckbrüter, die zur Eiablage sichtgeschützte Höhlungen oder Verstecke wählen; Maulbrüter, bei denen die Eier nach der Ablage ins Maul genommen und dort geschützt erbrütet werden. Nach der Beteiligung der Laichpartner an der Brutpflege werden Eltern-, Vater- und Mutterfamilien unterschieden – eine Einteilung, die weitgehend aus Aquarienbeobachtungen abgeleitet ist und sich mit den natürlichen Verhaltensabläufen im Fortpflanzungsgeschehen der Fische nicht immer deckt.

Typische Höhlenbrüter sind die relativ kleinen *Apistogramma*-Arten aus Südamerika, bei denen die Weibchen Brutreviere besetzen und nach dem Laichen die Brutpflege übernehmen. Sie bilden also nach der genannten Einteilung Mutterfamilien.

Die Weibchen behaupten um einen zum Laichen geeigneten versteckten Platz – im Aquarium bietet man häufig eine halbe Kokosnußschale an – ein ziemlich großes Territorium, das sie heftig verteidigen. Diese Territorien liegen meist zu mehreren in einem noch größeren Männchenrevier. Das ist allerdings im Normalaquarium kaum zu beobachten, aber bei der Haltung in sehr großen Becken eindeutig belegt und dürfte sicherlich der natürlichen Sozialstruktur dieser Fische entsprechen. Das Männchen darf die Weibchenreviere außerhalb der Fortpflanzungszeit zwar durchqueren, wird aber nur zur Balz und zum Laichen in der Nähe und in der Höhle geduldet.

Laichbereite Weibchen balzen in ihr Revier einschwimmende Männchen an. Sie wechseln in dieser Zeit schon allmählich die Farbe und das Zeichnungsmuster in ihre typische Brutpflegefärbung.

So stellt sich das Weibchen quer vor das Männchen und wedelt mit dem ganzen Körper, die Flossen angelegt, die Körperlängsachse leicht kopfoben schräggestellt. Aus dieser Haltung, die das Männchen stoppt, versucht es, mit gespreizten Flossen voranschwimmend, das Männchen zur Laichhöhle zu locken. Bleibt das Männchen stehen, kehrt das Weibchen sofort zurück und verleiht seiner Aufforderung durch kräftige Maulstupser in die Seite des Männchens Nachdruck: charakteristische Elemente des Führungsschwimmens, bei dem hier das Weibchen die Initiative hat.

Im Regelfall wird das Männchen dieser Aufforderung nicht widerstehen. Vor der Höhle verstärkt sich die Balz. Die Partner umschwimmen sich in langsamen Kreisen, die hochgestellten Flossen starr, die Körper wie versteift vor Anspannung. Das Weibchen beginnt dann, die Höhlenwandung an einer Stelle zu putzen. Diese Säuberungsarbeiten werden aber immer wieder durch erneute Balzspiele vor der Höhle unterbrochen, die immer rascher aufeinander folgen. Das Männchen wartet zuletzt schon auf das Wiederauftauchen des Weibchens und präsentiert sich ihm in Imponierstellung mit straff abgespreizten Flossen.

Schließlich folgt es in die Höhle nach und putzt – wohl mehr angedeutet – mit. Beim Weibchen tritt jetzt die Legeröhre deutlich hervor, und zwischen den einzelnen Putzbewegungen gleitet es mit der Bauchseite prüfend über die gesäuberte Laichstelle. Auch das Männchen schwimmt in 1 bis 2 cm Abstand mit S-förmig gebogenem Körper an der Höhlenwand entlang. Es ist das die gleiche Haltung, die es auch beim Besamen einnimmt. Ob dabei schon Sperma abgegeben wird, ist unbekannt, aber auch nicht auszuschließen. Von Beginn der Balz bis zu dem Zeitpunkt, an dem die ersten Eier angeheftet werden, ist nicht viel mehr als eine Stunde vergangen.

Das Laichen erfolgt auf die gleiche Weise wie

das Probegleiten. Wenn das Weibchen die erste Eiserie angeheftet hat, macht es dem Männchen Platz zum Besamen, das sich mit S-förmig gekrümmtem Körper über die Eier stellt und unter starkem Flossenwedeln das Sperma abgibt. Im Wechsel von Eiablage und anschließender Besamung wird das Gelege innerhalb einer halben Stunde vollendet.

Nach dem Laichen färbt sich das Weibchen gelblich ein. Artunterschiedlich ist im Brutpflegekleid auf dieser gelben Grundfärbung meist ein samtschwarzes, markantes Muster ausgeprägt.

Das Männchen muß jetzt die Umgebung der Höhle, das Brutrevier, verlassen. Es wird bei jeder Annäherung vom Weibchen energisch verjagt. Im zu kleinen Aquarium kann es vorkommen, daß das aggressive Weibchen das ganze Becken als Brutrevier beansprucht und das eigentlich physisch überlegene Männchen zu Tode hetzt. Das Männchen begegnet den Angriffen in Demutshaltung, seitlich verkippt und mit geklemmten Flossen, aber das Weibchen läßt sich dadurch nicht von seinen Attacken abbringen.

Besonders ausgeprägt ist dieses Verhalten beim Glänzenden Zwergbuntbarsch (*Nannacara anomala*) zu beobachten.

207/4 Die kleinen Weibchen — sie bleiben in der Körperlänge und -masse beträchtlich hinter den Männchen zurück — sind wegen ihrer hohen Aggressivität in Aquarianerkreisen berüchtigt. Sie verjagen die Männchen unerbittlich.

Aber gerade bei diesen Fischen sind die weiter vorn schon erwähnten Beobachtungen gemacht worden. Außerhalb des Weibchenreviers, in seinem eigenen »Überrevier« ist das Männchen den Angriffen des Weibchens gegenüber nicht hilflos. Es begegnet den heftigen Attacken in Imponierhaltung, balzt das Weibchen an und — verteidigt in der gehörigen Entfernung vom Brutplatz das Revier des Weibchens gegen Angriffe fremder Fische.

Es ist also nur die Enge der normalen Aquarien, die das biologische Programm der Tiere behindert. Das Männchen beteiligt sich — in einer fixierten Entfernung vom Brutplatz — am Schutz der Brut, in der Rolle, die auch bei den sogenannten Elternfamilien überwiegend dem Männchen zukommt. Seine Beziehungen zur Brut sind so eng, daß es die Führung des Jungfischschwarms übernimmt, wenn das Weibchen ausfällt, z. B. wenn man es aus dem Becken herausfängt. Und es zeigt dann sogar die Brutpflegefärbung des Weibchens! Das läßt wohl doch die Bezeichnung »Mutterfamilie« für das Brutpflegeverhalten dieses Versteckbrüters zweifelhaft werden.

Interessante Verhaltensweisen zeigen die afrikanischen Höhlenbrüter. Die *Pelvicachromis*- und *Nanochromis*-Arten sind aquaristisch besonders beliebt und ihr Verhalten durch viele Beobachtungen gut bekannt.

Diese Arten leben im westlichen Afrika in den Randzonen kleiner Flüsse. Die Männchen graben unter Wurzeln oder Steinen gut versteckt Höhlen in den Sand und verteidigen den Raum um dieses Revierzentrum intensiv. Jeder Einbruchsversuch wird verhindert, jedes männliche Tier der eigenen Art heftig verjagt, aber auch die Weibchen werden in gleicher Weise attackiert.

Die Weibchen haben gegen diese Angriffe eine charakteristische Beschwichtigungsgeste entwikkelt, mit der sie die Aggressionen des Revierbesitzers erfolgreich abbauen. Der arttypisch rot, blau oder grün gefärbte Bauch wirkt in der Laichperiode als Auslöser für die Balz des Männchens. Das auffällige Farbsignal wird noch verstärkt durch die pralle Leibesfülle, die bei laichvollen Weibchen den Bauch mächtig vorwölbt.

Noch nicht laichreife Weibchen nutzen die aggressionshemmende Wirkung dieses Farb- und Formsignals, indem sie es vortäuschen. Sie blokken aggressive Angriffe des Männchens dadurch ab, daß sie, quergestellt, Kopf und Schwanz bogenförmig vom Männchen wegkrümmen und den dadurch vortretenden leuchtenden Bauch vorweisen. Heftiges Zittern des ganzen Körpers begleitet das Präsentieren des Bauches.

Den Stimmungsumschwung des Männchens — es geht unvermittelt vom Angriff auf die Balz über — nutzt das Weibchen zur Flucht.

Ist dagegen das Weibchen paarungsbereit, beginnt mit der gleichen Aktion die Balz und damit die Vorbereitung des Laichens. Die Paarbildung durch die Balz läuft in den arttypischen Formen ab.

Das Männchen akzeptiert jetzt das Weibchen im Revier – kleine Auseinandersetzungen zwischen den Partnern verlaufen harmlos, nach dem Ritual des Kommentkampfes. Der anfangs noch vorhandene Triebkonflikt des Männchens zwischen Revierverteidigung und Balz wird im Fortgang der Balz durch die Festigung der Paarbeziehungen gelöst.

Das Männchen »führt« im Revier umher, wobei das Weibchen ein auffälliges Suchverhalten an den Tag legt. Es macht auf den Beobachter den Eindruck, als ob alle versteckten Plätze im Revier auf ihre Eignung als Laichstelle untersucht würden. Entdeckt das Weibchen dabei die vorbereitete Höhle, schwimmt es ohne Zögern hinein, während das Männchen vor dem Eingang abwartet. Wenn das Weibchen meist nach kurzer Zeit den Kopf zum Höhleneingang heraussteckt, bedeutet das im Regelfall, daß die Prüfung erfolgreich verlaufen ist: die Bruthöhle ist akzeptiert.

Das Paar hält sich von nun an manchmal gemeinsam in ihr auf, das Männchen bleibt aber immer nur kurze Zeit. Die weitere Ausgestaltung der Höhle ist Sache seiner Partnerin. Unermüdlich ist sie in den nächsten Tagen damit beschäftigt, die Höhlung unter dem Stein zu erweitern und zu säubern. Mit dem Maul tragend und schiebend befördert sie Sand und Kies vor den Eingang. Erstaunlich, welch grobe Körnung dabei bewältigt wird.

Besonders eifrig zeigen sich bei dieser Tätig-
171/4 keit *Nanochromis*-Weibchen, die wirklich nur zur gelegentlichen Futtersuche die Höhle verlassen. Bei jedem Ausschwimmen aber wiederholt
132/2, 3 sich das Balzritual: Das Weibchen weist rüttelnd den Bauch vor, den Körper verkrümmt, wodurch die zunehmende Körperfülle besonders auffällig wird.

Das Männchen antwortet zuerst mit Flossenspreizen, dem heftiges Kopfschütteln und Körperrütteln folgen. Besonders erheiternd wirkt es auf den menschlichen Beobachter, wenn dabei das Maul weit aufgerissen wird.

Dieses vermutlich reflektorisch bedingte »Gähnen« findet sich übrigens auch sehr auffällig als Bestandteil des Balzverhaltens bei anderen Fischarten, beispielsweise bei der kleinen Goldringelgrundel.

Die lange Vorbereitungsphase kann sich bei den *Pelvicachromis*- und *Nanochromis*-Arten über Tage hinziehen.

In der letzten Phase, in der bei den Weibchen, artverschieden mehr oder weniger deutlich zu sehen, bereits die Legeröhre hervortritt, ist auch das Männchen an den Bauarbeiten beteiligt: in der Höhle, in der es jetzt vom Weibchen geduldet wird, und auch beim Ausheben von kleinen Gruben, die im Umkreis der Bruthöhle an verschiedenen gedeckten Stellen angelegt werden – eine Vorbereitung der späteren Brutpflege, in der diese Gruben den Larven und den freischwimmenden Jungfischen in der Nacht Schutz bieten.

Wenn nach den umfangreichen tagelangen Vorbereitungen und intensivem Putzen der Höhlendecke das Weibchen bauchoben mit der Legeröhre an den gesäuberten Stellen entlangstreicht, steht der eigentliche Laichvorgang unmittelbar bevor. Bei diesem sogenannten Scheinlaichen, bei dem noch keine Eier ausgestoßen werden, nimmt auch das Männchen schon die Haltung ein, die es dann beim Besamen zeigt. Der »Probierphase« folgt das Laichen auf dem Fuße. Das Weibchen heftet die klebenden Eier an die Höhlendecke, wo sie vom Männchen besamt werden. Der ganze Vorgang dauert etwa eine halbe Stunde.

Die Betreuung des Geleges ist dem Weibchen vorbehalten. Es fächelt mit den Flossen Frischwasser zu den Eiern, säubert sie durch »Ablutschen« mit dem Maul und entfernt unbefruchtete, verpilzende Eier. Das Männchen, das sofort nach dem Laichakt die Höhle verlassen hat, übernimmt arbeitsteilig die Verteidigung des Brutreviers. Erst die freischwimmenden Jungfische führen die Partner wieder zur gemeinsamen Pflege des Jungfischschwarms zusammen.

Versteck- oder Höhlenbrüter sind nicht nur bei Cichliden zu finden. Charakteristische Elemente des Laichverhaltens von Höhlenbrütern zeigen sich dementsprechend auch in anderen Fischfamilien, zum Beispiel bei den aus Süd-
172/1–4 ostasien stammenden Goldringelgrundeln (*Brachygobius nunus*). Die Fische leben in ihrer Heimat sowohl im Süß- als auch im Brackwasser. Sie laichen in einer vom Männchen besetzten und vorbereiteten Höhle. Das Weibchen heftet die Eier in einzelnen Schüben an die Wandung des Verstecks, wo sie gleich anschließend vom Männchen besamt werden. Das hat in dieser Phase die helle Balzfärbung bereits wieder mit seiner gelbschwarz gestreiften Normalfärbung vertauscht.

Die Eier hängen an winzigen, dünnen und kaum erkennbaren Fäden am Dach der Höhle. Es sieht aus, als ob eine Schicht Eier frei unter der Decke schwebt. In den Laichpausen – ein Zyklus zieht sich etwa über zwei Stunden hin – wird das Gelege vom Weibchen befächelt. Ab und an verläßt auch das Männchen die Höhle und stellt sich flossenzitternd davor auf. Nach Vollendung des Geleges vertreibt das Männchen die Laichpartnerin und übernimmt allein die Brutpflege.

In meinen Aquarien bot ich den Goldringelgrundeln leere Gehäuse der Apfelschnecke (*Ampullaria*) an, die sie als Laichhöhle akzeptierten. Es gibt aber auch Versteckbrüter, die sich direkt auf leere Schneckengehäuse spezialisiert haben, die Schneckenbarsche aus den Seen des Ostafrikanischen Grabensystems. Zu ihnen gehören u. a. *Lamprologus meeli* und *Pseudotropheus lanisticola*. Der Artname der letztgenannten Fische bezieht sich auf den Gattungsnamen *Lanistes* der Schnekken, deren Gehäuse sie bewohnen.

Die Schneckenbarsche bleiben verhältnismäßig klein. Die Männchen erreichen etwa 60 mm Länge, die Weibchen von *Lamprologus meeli* sind schon mit 35 bis 40 mm ausgewachsen. Ihr zierlicher Bau ermöglicht ihnen, tief in ihre Wohn- und Laichgehäuse einzudringen und sich darin dauernd aufzuhalten.

Männchen und Weibchen der Schneckenbarsche besiedeln ihre eigenen Gehäuse und verteidigen sie gegen andere Anwärter. Sie sind so fest mit ihrer »Wohnung« verbunden, daß sie auch dann nicht herauskommen, wenn man das Gehäuse aus dem Wasser nimmt und ausschüttet.

Interessant ist zu beobachten, wie ein Schneckengehäuse in Besitz genommen und zur Behausung hergerichtet wird. Der kleine, gar nicht so kräftig wirkende Schneckenbarsch gräbt von der Seite und unter dem Gehäuse den Sand weg, so daß es allmählich immer tiefer in den Boden rutscht. Zwischendurch packt er mit dem Maul den Rand der Öffnung und dreht und drückt das Gehäuse so lange, bis es die richtige Lage hat. Wenn es schon halb im Grund verschwunden ist, bewirft er die Stelle durch schnelle Schwanzflossenschläge mit Sand und Kies, bis das Schneckengehäuse von einem Kieshügel bedeckt ist. Der Eingang wird dabei immer wieder vom Sand befreit, soweit, daß der Schneckenbarsch eben noch hineinschlüpfen kann.

Die Initiative zum Laichen geht vom Weibchen aus. Kopfabwärts schwimmend lockt es ein Männchen zum Eingang der zur Bruthöhle hergerichteten Behausung. Das Weibchen legt seine 126/6
Eier an der inneren Gehäusewandung ab – das größere Männchen kann ihm aber dahin nicht folgen. Es plaziert sich, während das Weibchen die Eier anheftet, dicht vor dem engen Eingang und gibt dabei das Sperma ab. Durch Flossenwedeln, vielleicht auch durch den Sog, den das schnelle Herausschwimmen des Weibchens erzeugt, wird es zu dem Gelege gebracht.

Zu den Höhlenlaichern zählt man auch verschiedene Harnischwelse, obwohl ihre »Höhle« häufig nur ein gedeckter Platz unter Wurzeln oder Steinen, manchmal auch die Unterseite eines größeren Wasserpflanzenblattes ist. Ein versteckter Ort ist es aber immer, den die Männchen suchen und zum Zentrum des Reviers machen. Die Tiere stammen aus schnellfließenden Gewässern, in denen sie ihre Brutreviere an etwas ruhigeren Stellen einrichten. Eine leichte Strömung, mit einer Kreiselpumpe erzeugt, ist deshalb auch für die Zucht im Aquarium günstig.

Laichreife Weibchen suchen die Männchen.

Wie sie den Laichpartner in ihren natürlichen weiträumigen Biotopen finden, ist nicht eindeutig geklärt. Vermutlich spielt aber dabei wieder die chemische Kommunikation eine Rolle.

Bei seinen Annäherungsversuchen muß das Weibchen zunächst die typische Aggressivität des revierverteidigenden Männchens überwinden. Bei den Harnischwelsen sind die Beschwichtigungsgesten des Weibchens vor allem durch Körperwedeln charakterisiert. In seinem angeschwollenen Bauch sind die Eier durch die gespannte Bauchdecke jetzt deutlich auszumachen. Die Erregung des Männchens steigert sich unübersehbar. Es springt ruckartig von einer Seite des Weibchens auf die andere und führt seine Partnerin schließlich zum Laichplatz. Mit dem gemeinsamen Putzen des Laichplatzes — die Tiere gleiten mit ihrem Saugmaul über die ausgesuchte Stelle der Unterlage und befreien das Laichsubstrat von allen anhaftenden Algen und losen Schmutzpartikeln — wird die Vorbereitung des Laichvorgangs abgeschlossen.

Das Weibchen legt in der Regel alle Eier hintereinander in einem Zuge ab. Sie kleben fest auf der Unterlage. Dann räumt das Weibchen das Feld und macht dem Männchen Platz, das das Gelege, mit dem Bauch dicht über die Eier gleitend, besamt. Die Pflege der Eier und der schlüpfenden Brut ist jetzt seine Sache. Das Weibchen verläßt das Revier.

Bei Höhlenlaichern ist die Anzahl der abgegebenen Eier im Gelege nicht sehr hoch, die dotterreichen Eier sind verhältnismäßig groß und meist auffallend farbig. Der versteckte Laichplatz bietet aber guten Sichtschutz, so daß die Gefährdung des Geleges in Grenzen bleibt. Freßfeinde entdekken die Eier nicht so leicht, und die Verteidigung der Höhle ist für das brutpflegende Tier einfacher.

Der Laichplatz von Offenbrütern ist dagegen weithin sichtbar und das Gelege größeren Gefahren ausgesetzt. An diesen höheren Gefährdungsgrad angepaßt, ist die Eizahl immer erheblich größer als bei Höhlenlaichern, zudem sind die Eier klein und häufig glasig durchsichtig und auf der Unterlage — meist einem glatten, sorgfältig gesäuberten Stein — kaum zu erkennen. Die intensive Brutpflege und den Schutz des Geleges übernehmen die Paarungspartner gemeinsam in enger wechselseitiger Arbeitsteilung. Diese Fische bilden meist eine sog. Elternfamilie. Ihre enge und länger dauernde Paarbindung wird auch durch eine längere und intensivere Balzphase entsprechend vorbereitet.

Zur gemeinsamen Brutpflege — vor allem für die Führung des Jungfischschwarms — gibt die äußere Ähnlichkeit der Eltern eine wesentliche Voraussetzung.

Bei vielen Offenbrütern sind die Geschlechter schwer zu unterscheiden, bei jüngeren Tieren sind geschlechtsspezifische Merkmale nur gering ausgeprägt. Beim Diskus (*Symphysodon discus* und *S. aequifasciata*) erkennt man sogar bei älteren Tieren gewöhnlich erst beim Laichen, was Männchen oder Weibchen ist. Nur sehr erfahrenen Züchtern gelingt die Unterscheidung an winzigen Körperbauunterschieden.

Die Offenbrüter heften ihre Gelege gewöhnlich an festen Unterlagen an, glatten, flächigen Steinen oder Wurzeln. Manchmal aber wählen sie auch eine ungeeignete Unterlage — wenigstens gibt es dafür viele Beobachtungen aus der Aquarienpraxis. Ein größeres Wasserpflanzenblatt erweist sich gegenüber den intensiven Putzbemühungen des Paares als nicht widerstandsfähig genug. Es wird so dünn geputzt, daß es schließlich sogar Löcher bekommt und ein Ablaichen darauf gar nicht mehr möglich ist: ein interessantes Beispiel dafür, daß das Verhalten der Tiere im gegebenen Fall von einem inneren Programm gesteuert wird, das — einmal ausgelöst — zu Ende läuft, auch wenn das Ergebnis ganz und gar sinnlos wird.

Die feste Paarbindung bei Offenbrütern, durch die lange und intensive Balz vorbereitet, bleibt auch nach dem Laichen erhalten. Die gemeinsame Pflege der Brut hält die Partner zusammen. Erst wenn die heranwachsenden Jungfische sich selbständig machen und von dem pflegenden

Paar nicht mehr zusammengehalten werden können, erlischt der Brutpflegeinstinkt.

Dann wächst aber bereits im Weibchen ein neuer Eischub heran und der Zyklus Balz — Paarung — Brutpflege beginnt von neuem.

Zwischen der Dauer der Brutpflege und der Eientwicklung beim Weibchen besteht offensichtlich ein enger Zusammenhang. Nimmt man dem pflegenden Paar das Gelege oder die Brut weg, verkürzt sich die Zeit für die Bildung eines neuen Eischubs beim Weibchen. Läßt man das Paar bei den heranwachsenden Jungfischen, bleibt der Brutpflegetrieb aktiviert, setzt das Weibchen erst Wochen und Monate später Laich an.

Trotz der engen Paarbindung der Offenbrüter kommt es zwischen den Partnern immer wieder zu kleinen Plänkeleien, die nach den bekannten Mustern des Kommentkampfes ausgetragen werden. Das tut aber den guten Beziehungen keinen Abbruch. Man gewinnt im Gegenteil den Eindruck, daß damit die Paarbildung gefestigt wird.

In einem Zuchtaquarium, in dem ein Paar allein gehalten wird, schlagen die harmlosen Streitigkeiten aber mitunter in ernsthaftere Kampfphasen um. Das Männchen attackiert das körperlich unterlegene Weibchen so heftig, daß es den Angriffen in sichere Deckungen zu entfliehen sucht. Manchmal kommt es auch zu ernsthaften Verletzungen. Die Unstimmigkeiten zwischen den Partnern halten tagelang an.

Der Grund für dieses Verhalten ist offenbar darin zu suchen, daß die in der Elternfamilie charakteristische Form der Arbeitsteilung zwischen den Geschlechtern unter den gegebenen Umständen nicht normal abläuft. Das Männchen, dem vorwiegend die Revierverteidigung zukommt und das üblicherweise nur von Zeit zu Zeit das Weibchen bei der Pflege der Brut ablöst, kann ohne die Notwendigkeit der Verteidigung seine natürlichen Aktivitäten nicht entfalten. Es kommt dadurch zu einem Aggressionsstau, der sich schließlich auch gegenüber dem Weibchen entlädt. Erfahrene Züchter setzen deshalb andere Fische ins Becken, die nicht stark genug sind, die Brut ernsthaft zu gefährden, aber immerhin so robust und wendig, um das Männchen zu beschäftigen.

Das Eierfressen brutpflegender Offenbrüter ist eigentlich ein Widerspruch in sich. Daß trotzdem immer wieder solche Aquarienbeobachtungen gemacht werden, hängt vermutlich ebenfalls mit aquarienbedingten Störungen des normalen Verhaltensprogramms zusammen. Ich konnte öfters beobachten, daß ein Tier nach einer heftigen Auseinandersetzung mit dem Partner das Gelege verzehrte.

Bei den offenlaichenden Cichliden erstreckt sich das Zusammenleben der Partner, wie schon angedeutet, häufig über viele Laichzyklen. Wie weit das dem Verhalten im natürlichen Biotop entspricht, ist schwer exakt zu belegen. Im Zuchtbecken bleibt den Tieren häufig gar keine Wahl. Aus dem Zyklus Balz — Laichen — Brutpflege wird so eine »Dauerehe«.

Die stark anschwellende Bauchpartie des Weibchens signalisiert optisch die erneute Laichbereitschaft. Balztypische Verhaltensweisen intensivieren sich spürbar.

Der einsetzende Bautrieb beschäftigt die Fische tagelang. Überall im Becken entstehen mehr oder weniger große Gruben, vor allem robuste Großcichliden können dabei Erstaunliches leisten. Dazwischen beginnt die Suche nach einem Laichplatz. Hat ein Tier eine geeignete Stelle entdeckt, markiert es diesen Platz durch Körperzittern und Kopfrucken für den Partner. Akzeptiert der die Wahl, wird das Laichrevier gemeinsam »umgestaltet«. Die Fische räumen alles Störende in der näheren Umgebung beiseite, Pflanzen fallen ihren energischen Anstrengungen zum Opfer, sie bewältigen auch erstaunlich große Steinbrokken. Beim Säubern der Laichstelle — sie wird ganz systematisch mit dem Maul bearbeitet — läßt sich meist schon eine charakteristische Arbeitsteilung erkennen. Die Hauptarbeit beim Putzen leistet das Weibchen, das Männchen kontrolliert das Revier, reißt da und dort noch ein störendes Blatt ab und sichert die Reviergrenze, gräbt auch noch weitere Gruben.

Erst unmittelbar vor dem Laichen hilft das

Männchen bei der letzten intensiven Säuberung des Laichplatzes. Das Weibchen prüft das Ergebnis, indem es immer häufiger mit der Legeröhre über die Unterlage gleitet. Sind die ersten Eier abgelegt, macht das Weibchen Platz, und das Männchen schwimmt, den Bauch ganz dicht an den Eiern, besamend darüber hin. Fast scheint es, daß seine spitze Genitalpapille, die während des Laichvorgangs deutlich sichtbar wird, die abgelegten Eier streift. Möglicherweise ist dieser Berührungsreiz der Auslöser für die Spermaabgabe.

Zug um Zug im Wechsel wird das Gelege auf diese Weise vollendet. Wenn sich noch andere Fische im Laichbecken befinden, kommt es natürlich vor, daß dieser Ablauf durch einen am Laich interessierten »Beobachter« gestört wird. Dann unterbricht das Männchen die Besamung sofort und stürzt sich mit Vehemenz auf den Eindringling. Das Weibchen setzt unbeeindruckt weiter Eier ab. Erst wenn die Auseinandersetzung an der Reviergrenze nicht entschieden wird und sich dem Laichplatz nähert, greift das Weibchen auch in den Kampf ein. Nach einer Auseinandersetzung zur Revierverteidigung kehrt das Männchen mitunter nicht von allein zum Besamen zurück. Es bleibt auf Wachposition an der Reviergrenze zurück. Erst auf nachdrückliche Aufforderungen des Weibchens, durch Stupser in die Seite, läßt es sich zum Laichplatz zurückholen. Die starke Erregung des Verteidigungstriebs, die auch nach dem Vertreiben des Gegners noch andauert, muß erst durch eine neuerliche Motivierung des Laichtriebs überlagert werden.

Die Arbeitsteilung, die schon in der Vorbereitung der Laichstelle zu beobachten ist, bestimmt wesentlich auch die Brutpflegephase. Obwohl sich die Partner ablösen und die Funktionen zeitweilig tauschen – die unmittelbare Pflege der Brut ist mehr die Aufgabe des Weibchens, in der Revierverteidigung dominiert das Männchen.

Dieser Ablauf ist dem Prinzip nach bei fast allen offenbrütenden Cichliden zu erkennen. Seine Phasen vollziehen sich nach einem genetisch fixierten Programm. Ein vorgegebenes Reiz-Reaktions-Schema steuert die reguläre Abfolge. Natürlich ist dieses Laichverhalten in ein vielfältigeres Beziehungsgefüge eingeordnet, und innere und äußere Störfaktoren können die Kette in jedem Glied reißen lassen.

Neben arttypischen Abwandlungen des Grundschemas sind auch viele individuelle Variationen zu beobachten. So ist zum Beispiel die Zeitdauer und Intensität der einzelnen Schritte stark abhängig vom Allgemeinzustand der Tiere, ihrem Alter und der Länge ihrer Paarbildung. Bei »eingespielten« Paaren verkürzen sich manche Abläufe. Die bei Offenlaichern verhältnismäßig großen Gelege, auch Größe und Färbung der Eier, differieren erheblich, nicht nur artspezifisch, sondern auch individuell. Häufig legen jüngere Paare mehr und kleinere Eier als ältere, aber auch der umgekehrte Fall kann eintreten. Die Form der Gelege, die regelmäßige oder unregelmäßige Anordnung der Eier ist nicht nur artverschieden. Die Bevorzugung bestimmter Laichplätze, stark abhängig von den allgemeinen Bedingungen im Revier, ist häufig auch individuell ausgeprägt. Vieles in diesem Geschehen entzieht sich der direkten Beobachtung. Man kann häufig nur – vorsichtig! – aus abweichenden Reaktionen vom bekannten Grundprinzip auf der Basis vieler, sorgfältiger Beobachtungen und Vergleiche auf die auslösende Reizsituation schließen. Eine Deutung bleibt Hypothese, solange sie nicht bewiesen werden kann.

Aber liegt nicht gerade darin, in dem Versuch, im Besonderen das Allgemeine zu entdecken, unter der Oberfläche wechselnder Erscheinungen die verborgene Gesetzmäßigkeit zu erfassen, der besondere Reiz von Verhaltensbeobachtungen?

Entwicklungsgeschichtlich interessant sind Übergänge zwischen den artspezifischen Formen des Verhaltens, wie man sie beispielsweise zwischen Offenlaichern und Höhlenlaichern beobachten kann.

Ein Cichlide, der Verhaltensweisen der Offenbrüter zeigt, obwohl er in Höhlen laicht, ist *Cichlasoma nicaraguense*, der in Nikaragua und Costa Rica beheimatet ist. Die bis zu 25 cm großen Fi- 138/2 sche gehen wie Offenbrüter eine recht feste Paarbindung ein. Das Weibchen besetzt ein Revier und bezieht dazu eine möglichst enge, schutzbietende Höhle. Es lockt das Männchen balzend ins Revier und zur Höhle. Wird sie nach gründlicher Inspektion vom Männchen anerkannt, beginnt in den folgenden Tagen der Grubenbau. Die für Offenbrüter typische Umgestaltung des Brutreviers ist bei diesen Fischen ausgeprägt. Sie beseitigen störende Pflanzenteile und schaffen Versteckplätze für die Brut. Die sichtbar zunehmende Leibesfülle des Weibchens signalisiert den bevorstehenden Laichakt. Das Weibchen hält sich auch immer häufiger in der Laichhöhle auf und balzt beim Ausschwimmen vor dem Männchen, das die Revierverteidigung übernommen hat. Während der Eiablage in der Höhle bleibt das Männchen vor dem Eingang stehen, und erst, wenn das Weibchen das Gelege und die Höhle verlassen hat, schwimmt das Männchen zum Besamen ein.

Im Gegensatz zu Höhlenlaichern und Offenlaichern werden die Eier aber nicht an der Unterlage angeheftet. Sie kleben nicht und liegen nur als loser Haufen beieinander. Werden sie durch Wasserbewegungen aufgewirbelt und verstreut, nimmt das Weibchen sie mit dem Maul auf und trägt sie immer wieder auf einen Haufen zusammen. Sie betreut auch allein das Gelege und die schlüpfenden Larven. Erst, wenn die Jungfische freischwimmen, beteiligt sich auch das Männchen, das inzwischen das Revier wachsam gegen Eindringlinge verteidigt hat, an der weiteren Betreuung des Jungfischschwarms.

Wir haben es also auch bei den in Höhlen laichenden *Cichlasoma nicaraguense* mit Verhaltensweisen zu tun, die der für Offenbrüter charakteristischen Form der »Elternfamilie« eigen sind. Die Partner wirken in geschlechtsspezifischer Verteilung der Aufgaben bei der Vorbereitung des Laichens und der Pflege der Brut zusammen.

Bei den Maulbrütern ist das in der Regel anders. Sie bilden — artverschieden — Vater- oder Mutterfamilien, bei denen nur ein Partner, der Vater oder die Mutter, Gelege, Larven und häufig auch noch die freischwimmenden Jungfische betreut, während der andere das Brutrevier verläßt oder sogar aktiv vom pflegenden Partner vertrieben wird.

Möglicherweise ist aber die strenge Einteilung, aus Aquarienbeobachtungen abgeleitet, in dieser Schärfe nicht aufrechtzuerhalten. Das schon erwähnte Beispiel der *Nannacara anomala* mahnt zur Vorsicht. Es kann durchaus sein, daß — wenigstens ist das bei einigen Arten wahrscheinlich — die Fische unter den beengten Aquarienverhältnissen ihre arbeitsteilige Gemeinsamkeit nicht entfalten können.

Maulbrüter sind unter den Cichliden zahlreich vertreten. Man nimmt an, daß sich diese höchstentwickelte Form der Brutpflege aus der ursprünglichen Form der Offenbrutpflege entwickelt hat — eine interessante Hypothese.

Im Laichverhalten vor allem südamerikanischer Cichliden-Arten existieren nebeneinander Formen, die als Entwicklungsstufen dieses Prozesses gedeutet werden können.

Bei den *Geophagus*-Arten ähneln Paarbildung und Balz noch weitgehend dem Offenbrüter-Schema. Durch Zusammenleben vor dem Laichen werden enge Paarbindungen hergestellt.

Die Teufelsangel (*Geophagus jurupari*) gehört zu den größeren Cichliden. Ein laichbereites Paar dieser Art putzt wie die Offenbrüter eine möglichst ebene Steinunterlage, auf der dann das Weibchen die Eier ablegt. In den Pausen zwischen den Eiserien besamt das Männchen die angehefteten Eier. Nach dem Laichen pflegen beide Tiere gemeinsam das Gelege. Sie betupfen die Eier mit dem Maul, entfernen unbefruchtete Eier, die weiß werden, und fächeln mit den Brustflossen Frischwasser zu.

Etwas ungewöhnlich ist nur, daß die Tiere schon kurze Zeit nach dem Ablaichen Sand und Kies ins Maul nehmen und ihn über dem Gelege ausspucken, bis von den Eiern kaum noch etwas zu sehen ist. Man könnte annehmen, daß es sich hier um die Entwicklung einer Schutzfunktion handelt: die Eier werden getarnt, vor möglichen Freßfeinden versteckt.

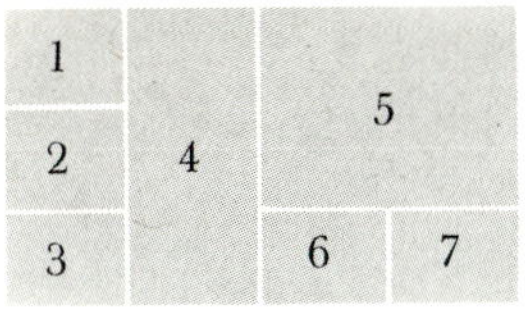

1 Eine Ablaichstudie von *Megalamphodus. sweglesi*

2 Ein Pärchen Neon (*Paracheirodon innesi*) setzt zum Ablaichen an. Die Tiere schwimmen dazu über feinfiedrige Pflanzen und drängen sich dicht aneinander

3 Nach der Abgabe der Geschlechtsprodukte schwimmen die Partner auseinander. Die besamten Eier rieseln zwischen die Pflanzen

4 Während des blitzschnell ablaufenden Laichvorganges umschlingt das Männchen das Weibchen

5 Die Rotflossen-Glassalmler (*Prionobrama filigera*) vergreifen sich nicht an den Eiern, die nach dem Laichakt langsam zu Boden sinken

6 Zum Laichen suchen die Rotflossen-Glassalmler die Wasseroberfläche auf

7 Der Laichvorgang verläuft sehr schnell. Die Tiere geraten dabei sogar über den Wasserspiegel hinaus und schwimmen nach der Eiabgabe noch blitzschnell im Kreise – der dabei entstehende Strudel ist gut zu erkennen, rechts die durcheinandergewirbelten Eier

Vorstehende Seite: Anstrengung und Körperspannung werden hier beim Ablaichen des Roten Phantomsalmlers (*Megalamphodus sweglesi*) deutlich

1 Der Schleierkardinal (*Tanichthys albonubes*) umschlingt mit dem Hinterkörper die Rückenflosse des Weibchens und

2 . . . im nächsten Augenblick werden die Geschlechtsprodukte ausgestoßen

3 Die Moosbarbe, eine Mutante der Sumatrabarbe (*Barbus tetrazona*), verfärbt sich zur Laichzeit hell

4 Zum Laichen drängt sich das Männchen dicht an das Weibchen

5 Treiben – das Männchen jagt das Weibchen – ist auch bei Barben immer zu beobachten. Hier ein Pärchen Schleierdanio (*Brachydanio rerio*)

1	4	
2	5	6
3	7	8

1 *Nannobrycon eques* beim Laichen. Das Weibchen preßt seinen Hinterkörper an das Blatt, das Männchen legt sich an das Weibchen an und seine Afterflosse an die Genitalgegend des Weibchens

2 Beim Gebänderten Ziersalmler (*Nannostomus espei*) finden wir die gleichen Verhaltensweisen. Deutlich ist eines der abgegebenen Eier zu erkennen, die bei mineralarmem Wasser an den Pflanzen haften bleiben

3 Keilfleckbarben wie diese *Rasbora hengeli* laichen ebenfalls an, meistens unter einem Wasserpflanzenblatt. Dabei umschlingt das Männchen mit dem Hinterteil das Weibchen direkt hinter dessen Rükkenflosse

4 Filigranregenbogenfische (*Iriatherina werneri*) bei der Laichabgabe

5 *Panchax werneri* beim Laichen

6 Das Männchen der *Nothobranchius* – hier *N. foerschi* – legen beim Laichen ihre Rücken- und Afterflossen um die Weibchen

7 Die Weibchen von *Cynolebias whitei* müssen sich erst in die richtige Position bringen, ehe sie gemeinsam mit dem Männchen in den weichen Bodengrund eindringen und dort ablaichen.

8 Das Männchen von *Nothobranchius patricii* schlägt Rücken- und Afterflosse beim Laichen um das Weibchen

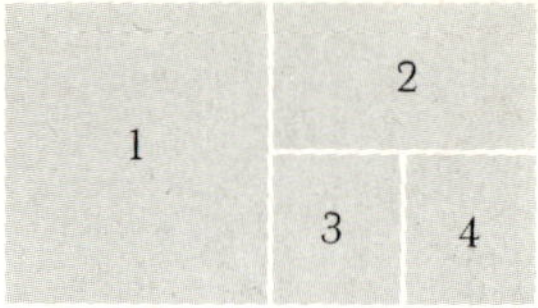

1 Eine ungewöhnliche Laichstellung der *N. patrizii*

2 Ein seltener Schnappschuß — dicht aneinander gedrängt laichen *Melanotaenia splendida fluviatilis* ab. Nur für einen Bruchteil einer Sekunde ist die Laichtraube zu sehen und

3 . . . wie bei diesen *Glossolepis incisus* wirbelt das Weibchen die Eier durch blitzschnelles Kreisschwimmen durcheinander

4 Das Männchen von *Melanotaenia splendida inornata* nähert sich mit gespreizten Flossen seitlich dem Weibchen. Kurz darauf laichen die Tiere ab

1	2	5	6
3	4	7	8

1 Durch Stupsen in die Bauchgegend stimuliert das Mosaikfadenfisch-Weibchen (*Trichogaster leeri*) den Partner zum Laichen

2 Männchen von *Trichogaster leeri* beim Einsammeln der im Wasser schwebenden Eier

3 Eng umschlungen laichen hier *Colisa labiosa* ab. Sie sinken dabei langsam zum Bodengrund

4 Das *C. labiosa*-Männchen löst die Umschlingung. Die Eier steigen zur Wasseroberfläche, während das Weibchen noch in der Laichstarre verharrt

5 Laichende *Trichopsis vittatus*. Bei ihnen gibt das Weibchen Eipakete (bis 10 Eier) ab, die aus der Genitalöffnung regelrecht herausschießen

6 Blitzschnell löst das Männchen die Umschlingung und schnappt mit noch S-förmig gebogenem Körper nach dem Eipaket, um es dann im Schaumnest unterzubringen

7 Schokoladengurami (*Sphaerichthys osphromenoides*) laichen am Bodengrund ab. Auch sie umschlingen sich, jedoch nur andeutungsweise

8 Durch das Männchen geht ein leichtes Zittern, und kurz darauf stößt das Weibchen die Eier aus

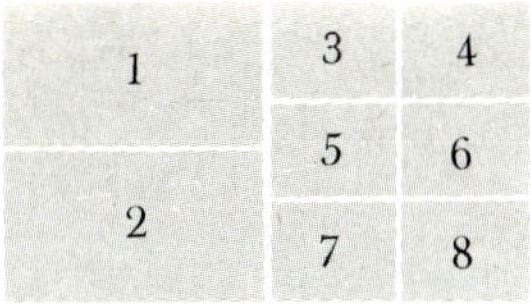

1 Bei den *Parosphromenus*-Arten – hier *P. filamentosus* – werden die Eier auf der Afterflosse des Männchens abgelegt – das Weibchen nimmt sie von da auf und heftet sie an die Höhlendecke

2 Ähnlich wie die Labyrinthfische laichen die Blaubarsche (*Badis badis*). Sie bevorzugen jedoch Höhlen zum Laichen. Ihre Eier haben große Klebkraft und haften überall sofort an

3 *Parophiocephalus unimaculatus*-Pärchen bei der Umschlingung

4 Nach Abgabe der Geschlechtsprodukte löst das Männchen die Umklammerung

5 Während das Weibchen bereits aufgeschwommen ist, verharrt das Männchen noch einen Augenblick, seitlich auf dem Bodengrund liegend

6 Nun nimmt das Männchen ebenfalls wieder die normale Schwimmlage ein. Dabei fallen die auf seiner Afterflosse abgelegten Eier herunter,

7 ... wie es auf diesem Foto deutlich zu erkennen ist

8 Das Männchen sammelt jetzt die Eier mit dem Maul ein

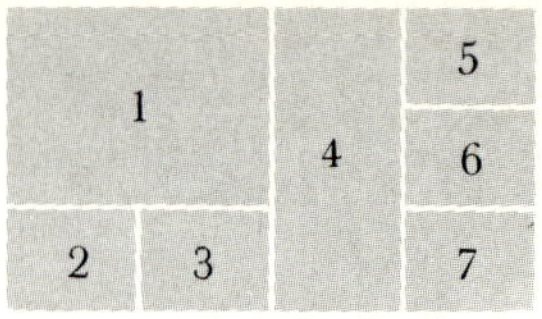

1 Bei den *Pseudobetta*-Arten nimmt das Weibchen die Eier von der Afterflosse des Männchens und spuckt sie ihm anschließend vor das Maul

2 Hier sind schon die meisten Eier aufgenommen und deutlich im Maul zu sehen

3 Nimmt das Männchen nicht sofort die »angebotenen« Eier, sammelt das Weibchen sie wieder auf und spuckt sie erneut dem Männchen vor

4 Kurz vor dem Laichen befördern die *Nanochromis nudiceps* den Kies aus der Höhle

5 Ein *Apistogrammoides pucallpaensis*-Pärchen beim Laichen. Das Weibchen heftet die Eier an die Unterlage

6 Das Skalar-Männchen besamt die gerade abgelegten Eier

7 *Apistogramma agassizi* beim Ablaichen. Das Ablaichen auf einem Stein ist für die höhlenbrütenden *Apistogramma* ungewöhnlich

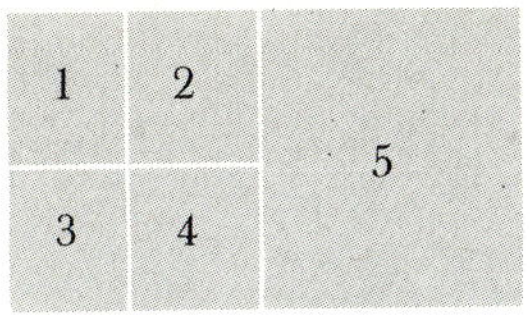

1 Vor dem Laichen putzen Männchen und Weibchen von *Brachygobius nunus* zusammen die Höhlenwandung

2 Das Weibchen heftet die Eier an

3 Nun ist auch das Männchen wieder in der Höhle und besamt das Gelege

4 Die Eier hängen an kleinen Stielen an der Wandung

5 *Nothobranchius guentheri*-Troika

172 · 173

1	2	5	
3	4	6	7

1 Zur Laichvorbereitung der Cichliden gehört das Putzen der späteren Laichstelle. Hier sind Offenbrüter bei der Arbeit (*Herotilapia multispinosa*)

2 *Papiliochromis ramirezi*, der Schmetterlingsbuntbarsch – auch ein Offenbrüter – beim Laichen. Das Weibchen heftet die Eier auf die Unterlage, während das Männchen aufmerksam die Umgebung beobachtet

3 Das Männchen dieses Offenbrüters, *Pelmatochromis thomasi*, besamt das Gelege. Das Weibchen ist dazu beiseite geschwommen

4 Das Männchen von *Apistogramma steindachneri* besamt das Gelege wie die der meisten *Apistogramma*-Arten. Mit gekrümmtem Körper stellen sie sich in gewissem Abstand vom Gelege auf und wedeln das abgegebene Sperma zu den Eiern

5 Nachdem das Weibchen von *Pseudocrenilabrus multicolor*, dem Vielfarben-Maulbrüter, die Eier abgelegt hat, schwimmt zuerst das Männchen über die Eier und besamt sie wahrscheinlich dabei bereits.

6 Das Weibchen von *Geophagus surinamensis* legt seine Eier auf der Unterlage ab

7 24 Stunden nach dem Ablaichen löst das Weibchen von *Gymnogeophagus balzanii* die Eier ab und nimmt sie ins Maul

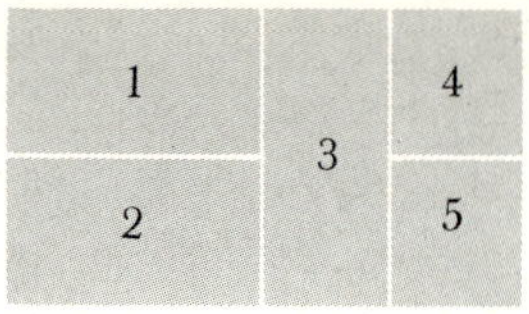

1 *Sarotherodon karomo* beim Laichen. Hier das Weibchen bei der Eiablage

2 Bevor das Weibchen die Eier aufnimmt, streicht das Männchen mit seinem Genitalanhang darüber

3 Das Weibchen von *Corydoras paleatus* heftet die besamten Eier an die Unterlage – hier an die Aquarienscheibe. Das Männchen bleibt immer in der Nähe

4 Ein laichwilliges Weibchen berührt mit den Barteln die Bauchseite des Männchens. Ausgelöst durch diesen Berührungsreiz, klappt das Männchen seine Brustflossen an den Körper und klemmt dabei die Barteln des Weibchens ein. Dessen Befreiungsbewegungen lösen vermutlich die Spermaabgabe beim Männchen aus

5 Das Weibchen nimmt die abgegebenen und besamten Eier in eine durch seine Bauchflossen gebildete Tasche auf, um sie dann – siehe nebenstehendes Bild – anzuheften

1		5
2		6
3	4	7

1 Gonopodium des Hechtkärpflings (*Belonesox belizanus*)

2 Genitalbereich eines Hochlandkärpflings (*Xenotoca eiseni*). Das eigentliche Begattungsorgan ist jedoch eine schlauchähnliche Verlängerung der Genitalöffnung, die nur zur Besamung ausgefahren wird

3 Vor der Begattung stupst das Männchen von *Phallichthys amates* das Weibchen in die Genitalgegend

4 Danach wird das Gonopodium in der Genitalöffnung des Weibchens verankert und das Sperma übertragen

5 *Xenotoca eiseni* bei der Samenübertragung

6 Vor der Begattung wird das Weibchen von *Nomorhamphus celebensis* noch einmal mit gespreizten Flossen umschwommen

7 Laichende Pastellgrundeln (*Tateurndina ocellicauda*) — hier das Weibchen bei der Eiablage

Folgende Seite: Mit ausgefahrenem Kamm und Kiel drängt das Männchen von *Tetraodon lorteti* das Weibchen zum Laichen

Dieses Verhalten ist nicht auf *Geophagus jurupari* beschränkt, sondern auch bei verwandten Arten zu beobachten.

Etwa 24 Stunden nach dem Ablaichen aber beginnen die Tiere, die Eier von der Unterlage abzulösen – für den Beobachter, der den weiteren Ablauf noch nicht kennt, ein Anblick, der gemischte Empfindungen hervorruft. Aber die Beunruhigung erweist sich bald als grundlos. Beide Tiere behalten die Eier im Maul und in dem erweiterungsfähigen Kehlsack – die »Offenbrüter« werden Maulpfleger.

86/1 Ganz ähnliches Verhalten zeigen Paare von
175/6, 7 *Geophagus surinamensis.* Bei *Gymnophagus balzanii* findet sich das Bedecken des Geleges mit Sand ebenfalls; die Eier werden aber nur vom Weibchen ins Maul genommen.

Die letzte Entwicklungsstufe zum »echten« Maulbrüter verkörpert *Geophagus steindachneri.* Bei der Balz nach Offenbrüterart zeigt sich schon eine auffallende Abweichung, das schon beschriebene Breitziehen des Maules. Das Weibchen steht, dicht über dem Laichplatz, im rechten Winkel Maul an Maul mit dem Männchen. Das sieht so aus, als betrachte es das breitgezogene Maul des Männchens mit besonderem Interesse. Ob dabei der orangefarbene bis rotbraune Fleck in den Mundwinkeln des Männchens eine Rolle spielt, ist bisher nicht untersucht worden. Aber nicht ausgeschlossen scheint, daß dieser »Eifleck« die Eiablage stimuliert.

Beim Laichen stellt sich das Männchen im Winkel von 90° zu seiner Partnerin und besamt dann sofort die gerade abgelegten Eier, die schon etwas größer und intensiver gefärbt sind als die von *Geophagus jurupari* und *G. balzanii.* So werden sie auf der Unterlage befruchtet und unmittelbar darauf vom Weibchen ins Maul genommen. Das kommt der endgültigen Form der Maulbrutpflege schon sehr nahe.

Die Entwicklungslinie vom Offenbrüter zum Maulbrüter ist auch bei den afrikanischen Arten zu verfolgen. *Chromidotilapia guentheri* aus den küstennahen Gewässern des tropischen Westafrika wirken fast wie kleinere Gegenstücke zu den großen südamerikanischen Arten der Gattung *Geophagus.* Auch sie zeigen noch keinen ausgeprägten äußerlichen Geschlechtsdimorphismus, obwohl die Unterscheidung der Geschlechter schon recht gut möglich ist. Von der Regel abweichend, tragen bei ihnen die Weibchen das farbigere Kleid.

Anpaarung und Balz dauern noch länger als bei echten Maulbrütern. Laichwillige Weibchen schwimmen in das Männchenrevier, das dann von beiden verteidigt wird. Gemeinsam säubern sie auch den ausgewählten Laichplatz. Die abgelegten Eier, die mit einem kurzen Stiel an der Unterlage haften, werden in Laichpausen vom Männchen besamt. Sie werden aber anschließend vom Männchen ins Maul aufgenommen, und dafür übernimmt das Weibchen die Verteidigung des Reviers.

In der Gattung *Pseudocrenilabrus* begegnen wir schon einem deutlich ausgeprägten Geschlechtsdimorphismus. Die Balz ist auf einen kürzeren Zeitraum beschränkt.

Das Männchen belegt ein Revier, das gute Laichmöglichkeiten bietet, und wartet dort in der Fortpflanzungszeit auf ein laichbereites Weibchen. Von der Reviergrenze an versucht das Männchen, eine potentielle Partnerin durch das schon mehrfach erwähnte Führungsschwimmen zur Laichstelle zu locken. Erfolg haben diese Bemühungen aber nur bei laichbereiten Weibchen. Als Laichplatz wird manchmal ein flacher Stein, häufiger aber eine Stelle im Sand gewählt. Während der schon dargestellten Fegebalz entsteht 128/1
dabei im feinkörnigen Grund eine flache Grube, die das Weibchen nach Abschluß der Eireife aufsucht. In fortwährenden Umkreisungen säubert das Paar den eingetieften Laichplatz. Schließlich streicht das Weibchen wie prüfend mit dem Hinterkörper und der Legeröhre über den Grund der Grube.

Das ist der Augenblick, in dem das Männchen, von der Seite heranschwimmend, das Weibchen mit dem Maul stupsend am Bauch berührt. Auf diesen Berührungsreiz reagiert das Weibchen sofort. Es dreht sich ruckartig herum und stupst nun das Männchen in gleicher Weise in die Aftergegend. Diese Form des wechselseitigen Anbalzens – eine Scheinpaarung – ist die unmittelbare Vorbereitungs- und Synchronisationsphase zum Laichen und dauert bis zu einer halben Stunde.

Der Laichvorgang läuft dann in derselben Art und Weise ab. Die Eier, gelblich gefärbt mit einem Durchmesser von etwa 2 mm, werden in Schüben von 5 bis 20 Stück abgelegt und vom Männchen sofort danach besamt. Es neigt dabei den Körper etwas vom Weibchen weg, gibt das Sperma also in einer leichten Schräglage ab.

Das Weibchen nimmt die Eier auf, kaum daß sie vom besamenden Männchen freigegeben sind, möglicherweise sogar, bevor die Besamung erfolgen konnte. Es folgt mit dem Maul, das sich allmählich mit den aufgenommenen Eiern füllt, immer in der Nähe des männlichen Genitale, den Bewegungen des Männchens in der Laichgrube. Manchmal versucht das Weibchen auch, das Afterflossenende des Männchens mit dem Maul zu fassen. Dieser Flossenzipfel steht, während der vordere Teil der Afterflosse zusammengelegt ist, etwas vom Körper ab. Der helle Flossensaum ähnelt in dieser Stellung einem Ei. Möglicherweise löst die Berührung dieser »Eiimitation« eine weitere Spermaabgabe aus – sicher geklärt ist dieser Zusammenhang nicht.

Während der Eiablage stupst das Männchen auch immer wieder das Weibchen in die Bauchgegend, gegen Ende des Laichens immer öfter und heftiger. Mit Rammstößen in die Seite vertreibt es schließlich seine Partnerin.

Mit gefülltem, stark vorgewölbtem Kehlsack steht das Weibchen dann an einer geschützten Stelle im Becken, meist in der Nähe der Laichgrube. Hin und wieder versucht es auch, in unbewachten Momenten dahin zurück zu gelangen. Der Revierinhaber gibt ihm dazu nicht oft die Chance, er jagt seine Laichpartnerin wie jedes fremde Tier aus seinem Bereich.

Wenn es aber dem Weibchen für kurze Zeit gelingt, zur Laichgrube zu kommen, ist eine sehr interessante Beobachtung zu machen. Es steht mit fächelnden Flossenbewegungen in der Grube, als ob es dort ein Gelege zu betreuen hätte, obwohl es die Eier im Maul trägt.

Als Beispiel einer weiteren Zwischenstufe auf
dem Weg zum hochspezialisierten Maulbrü- 128/2
ten kann *Astatotilapia burtoni* dienen. Bei dieser
Art ist eine Paarbildungsphase schon nicht mehr zu beobachten, es sei denn, man deutet gelegentliche, kurzzeitige Annäherungen des laichbereiten Weibchens an ein bestimmtes Männchen – etwa einen Tag vor dem Ablaichen – als Kontaktaufnahme.

Einige Stunden vor dem Laichen beginnt das Männchen zwischen einem Laichplatz und dem laichvollen Weibchen hin und her zu pendeln. Das Führungsschwimmen mit meist angelegter Rücken- und Afterflosse wird häufig unterbrochen, indem das Männchen, nach einem Schwanzflossenschlag in Richtung des zögernd folgenden Weibchens, sich quer vor das Weibchen stellt und dabei die markant gezeichnete Afterflosse spreizt.

Die Signalwirkung der so auffällig präsentierten Afterflosse wird noch verstärkt durch ein zukkendes Rütteln des bogenförmig – vom Weibchen weg – gespannten Körpers. Das stimulierte Weibchen folgt diesen Aufforderungen zum Laichplatz, wo das Männchen wieder körperrüttelnd die Eiflecken der gespreizten Afterflosse vorführt.

Aus einer T-Stellung zum Weibchen heraus leitet das Männchen mit stupsenden Maulbewegungen zum laichprallen Bauch seiner Partnerin die letzte Phase ein. Nach schnellem, dann langsamer werdendem Kreisschwimmen der beiden Tiere gibt das Weibchen die ersten Eier ab. Mit einer blitzschnellen Körperwendung schnappt es die Eier auf, noch ehe sie besamt werden können. Das Männchen zeigt, seitlich verkippt am Boden liegend, erneut die gespreizte Afterflosse, und das eiersammelnde Weibchen versucht schließlich, auch die vermeintlichen »Eier« auf der Afterflosse des Männchens aufzunehmen. Von diesem Berührungsreiz ausgelöst, gibt das Männchen das

Sperma ab, das durch die Schluckbewegungen des Weibchens in die Mundhöhle gesogen wird und erst dort mit den Eiern in Kontakt kommt.

Hochspezialisierte Maulbrüter finden sich in größerer Zahl unter den Cichliden des Malawisees. Die *Pseudotropheus*- und die *Melanochromis*-Arten sind besonders auffällig durch ihren ausgeprägten Geschlechtsdimorphismus. Männchen und Weibchen unterscheiden sich in der Färbung und im Zeichnungsmuster teilweise so sehr, daß der Uneingeweihte die Tiere niemals als Paar einer Art ansehen würde. Mehr noch – es gibt unter den Mbunas (so werden diese Tiere – was »Felsenfisch« bedeutet – von den einheimischen Fischern am Malawisee genannt) auch bei den einzelnen Arten ganz unterschiedliche Farbschläge. Beim Zebrabuntbarsch (*Pseudotropheus zebra*) z. B. gibt es neben der häufigeren Normalform – kräftig blaue Grundfarbe von dunklen Querstreifen überzogen – eine hellblaue Farbvariante, die die Streifung kaum noch zeigt, und eine orangefarbige, in der nur noch ein blauer Schimmer vor allem über den Flossen liegt. Bei den Weibchen ist das noch ausgeprägter. Es gibt gescheckte, mit unregelmäßigen dunklen Flecken gezeichnete Tiere mit unterschiedlicher Grundfarbe.

Die Ursache dieser Erscheinung ist nicht bekannt – ihr biologischer Sinn könnte in der besseren Tarnwirkung, z. B. der gescheckten Form liegen (?) –, klärende Untersuchungen stehen noch aus. Im Laichverhalten dieser Arten gibt es viele Ähnlichkeiten, auch mit dem eben geschilderten bei *Astatotilapia burtoni*, obwohl die verwandtschaftlichen Beziehungen nicht so eng sind und ihre Lebensräume sich unterscheiden.

Die Paarung von *Melanochromis johanni* zeigt typische Merkmale des Laichverhaltens der »Felsenfische«.

Die laichreifen Männchen bieten einen wundervollen Anblick. Auf der samtschwarzen Grundfarbe heben sich die beiden strahlend hellblauen Bänder auf den Körperseiten markant ab, hellblau bis porzellanweiße schmale Kanten säumen die unpaaren Flossen und die Unterkante der langausgezogenen Bauchflossen. Bei den gelborangefarbenen Weibchen ist die schwarze Farbe stimmungsabhängig wechselnd nur als dunkle Schattierung sichtbar. Die gelbe Weibchenfärbung tragen auch Männchen bis zur Geschlechtsreife, und sie behalten sie auch als Unterlegenheitsfärbung gegenüber einem dominierenden Männchen.

Die paarungsgestimmten *Melanochromis johanni*-Männchen verteidigen ein Revier, das relativ klein sein kann. Die Weibchen halten sich in einer lockeren Gruppe auf.

Schwimmt ein laichbereites Weibchen in das Revier des Männchens ein, wird das sofort aktiv. Der Anblick des Weibchens löst Balzhandlungen aus, die damit beginnen, daß das Männchen dem Weibchen entgegenschwimmt und sich, die Breitseite und die Afterflosse mit den leuchtenden Eiflecken präsentierend, quer, mit gespreizten Flossen, vor ihm aufstellt. Dann schwimmt es wieder merkwürdig ruckartig vor dem Weibchen hin und her. Dabei stoppt es immer wieder und teilt in Richtung auf das Weibchen heftige Schwanzschläge aus, so energisch geführt, daß das Weibchen von den wechselnden Wasserströmungen förmlich geschüttelt und hin- und hergerissen wird. Wieder in T-Stellung vor dem Weibchen krümmt das Männchen den gespannten Körper. Der hohe Erregungszustand der Balz äußert sich im krampfhaften Rütteln, das den ganzen Fisch erfaßt. Und wieder wird dabei die Afterflosse mit den Eiflecken deutlich vorgewiesen.

Vermutlich hat die Signalwirkung dieser Balzhandlungen Einfluß auf das hormonelle Geschehen im Organismus des Weibchens. Man nimmt an, daß in dieser Phase auslösende Reize die letzte Eireifung bewirken.

Beim Führungsschwimmen des *Melanochromis johanni*-Männchens fallen die leicht schlängelnden, windenden Körperbewegungen auf. Die Rückenflosse ist dabei angelegt.

Am Laichplatz geht das Führungsschwimmen sofort in schnelles Kreisschwimmen über, dessen Tempo sich anfangs rasch steigert, dann aber ebenso schnell wieder verzögert. In dieser langsamen Phase stupsen sich die Tiere wechselseitig mit dem Maul in die Bauchseite. Das Weibchen zielt dabei augenscheinlich stärker in Richtung auf die Afterflosse. Die einstimmende Wirkung dieser taktilen Reize wird offensichtlich, wenn das Weibchen aus der Umkreisung heraus ganz langsam mit dem Bauch über die Laichstelle gleitet und sofort die Eier absetzt. Das Männchen verfolgt diese Aktion aufmerksam, im rechten Winkel zum Weibchen stehend.

Sowie das Weibchen die Eier freigibt, schwimmt das Männchen dicht darüber und besamt sie. Gleichzeitig beginnt aber auch schon das Weibchen, die Eier ins Maul aufzunehmen, während noch das Männchen flossenzitternd die abgegebene Sperma-»Wolke« verteilt. Man muß annehmen, daß das Weibchen mit den Eiern gleichzeitig Spermien aufnimmt und so auch die Eier noch im Maul besamt werden können, die vorher auf der Laichunterlage von den Samenfäden nicht erreicht worden sind.

Die Weibchen sind — mit Unterschieden von Art zu Art — beim Einsammeln der Eier mitunter so schnell, daß das Männchen noch gar nicht zum Zuge gekommen ist.

Hier wird nun doch die schon bei *Astatotilapia burtoni* beschriebene Funktion der Eiflecken wahrscheinlich.

Eiflecken treten bei vielen maulbrütenden Cichliden auf. Manchmal sind sie auch bei beiden Geschlechtern vorhanden, bei den Weibchen aber dann weniger deutlich ausgeprägt, oft kaum zu erkennen. Bei Weibchen allein gibt es die Eiflecken nicht, so daß als Regel eine geschlechtsspezifische Differenzierung zu erkennen ist. Funktionell wirksam sind sie nur beim Männchen, in der geschilderten Weise.

Die Übereinstimmung von Farbe und Form zwischen Eiern und Eiflecken ist besonders bei *Haplochromis*-Arten manchmal frappierend. Bei verschieden großen Eiflecken liegt der größte davon, der die wirkliche Eigröße deutlich übertrifft, gewöhnlich der Geschlechtsöffnung am nächsten. Ob dieser »Überreiz« wirksam ist, scheint fraglich. Ich konnte jedenfalls bei vielen Beobachtungen laichender Maulbrüter nie feststellen, daß die überdeutlichen, auffälligen Eiflecken auch eine höhere Attraktion ausgeübt hätten. Immer wurden von den Weibchen zuerst die richtigen Eier aufgenommen, ehe sie schließlich versuchten, auch die »falschen« ins Maul zu bekommen — und dabei das in diesem Augenblick vom Männchen abgegebene Sperma aufnahmen.

Die Wahrscheinlichkeit der verhaltensstimulierenden Wirkung der Eiattrappen wird dadurch gestützt, daß einige Arten noch vollkommenere Formen entwickelt haben. Maulbrüter der Gattung *Oreochromis* besitzen Genitalanhänge, die einer Traube von Eiern täuschend ähnlich sind und vom eieraufsammelnden Weibchen leicht mit den richtigen verwechselt werden können.

Die Besamung der Eier im Maul findet ihren biologischen Sinn in dichtbesiedelten Biotopen, zu denen der Malawisee gehört. Bei jedem Laichvorgang stehen andere Fische in der Nähe, für die Eier begehrte Bissen sind. Je schneller die Eier dem Zugriff von Laichräubern entzogen werden, umso günstiger für die Sicherung des Nachwuchses.

Die »normale« Besamung auf der Laichunterlage kann schon zu lange dauern.

Die Entwicklung zur Besamung im Maul belegen auch die sogenannten Geißeltilapien, die früher der Gattung *Tilapia* zugeordnet wurden. Nicht zuletzt ihr besonderes Laichverhalten begründet die Abtrennung.

Bei diesen Fischen (z.B. *Oreochromis macrochir*) gibt das Männchen den Samen nicht wie die meisten Fische in unsichtbaren Sperma-»Wolken« ab, sondern in gut sichtbaren, mehrere Zentimeter langen und etwa 0,5 mm dicken »Fäden«. Sie zerfallen im Wasser erst nach einigen Sekunden.

Nachdem das Weibchen die Eier ins Maul genommen hat, schnappt es auch nach diesen »Samenfäden«. Nicht nur nach den vom Männchen ausgestoßenen, sondern auch nach »Attrappen«. Das Männchen besitzt nämlich einen merkwürdig geformten Genitalanhang, eine Papille, an der kürzere und längere Fäden — etwas stärker als die Spermafäden — hängen. Es ist auch in diesem Falle wahrscheinlich, daß das Weibchen durch die Nachahmung getäuscht wird und mit ihrer Berührung des Genitalanhanges weiteren Samenausstoß auslöst.

Die Besamung und Befruchtung der Eier erfolgt aber zweifellos erst im Maul.

Besamung im Maul kennt man auch bei der Cichliden-Gattung *Cyprichromis*, die im Habitus und in ihrer Lebensweise von den bisher erwähnten Maulbrüterformen stark abweicht. Die zwei von mir gepflegten Arten *Cyprichromis leptosoma* und *C. nigripinnis* zeigen die Körperform, aufgrund derer man diese Fische als »Heringscichliden« bezeichnet. Sie leben auch nicht in der steinigen und felsigen Uferzone oder an den Gewässergrund gebunden, sondern im freien Wasser, in Tiefen von 5 m bis 15 m. Ihre Heimat ist der Tanganjikasee in Ostafrika, wo sie in Schwärmen anzutreffen sind.

Mehrere Männchen gleichzeitig umwerben ein laichbereites Weibchen und umkreisen es mit aufgestellten Flossen. In der Endphase der Balz legt ein Männchen die Flossen an und schwimmt von oben mit gekrümmtem Körper nahe an das Weibchen heran, augenscheinlich auf die Genitalregion orientiert. Dabei zittert sein Unterkiefer stark, und das scheint für das Weibchen der Auslöser für die Eiablage zu sein. Es stößt ein Ei aus und fängt es mit blitzschneller Körperwendung mit dem Maul auf.

Mit dem Ei im Maul strebt es dann sofort in die Nähe des Männchens, das Maul auf seine Genitalgegend gerichtet. Das nun wiederum veranlaßt das Männchen zur Samenabgabe. In einer deutlich sichtbaren weißlichen Wolke schwebt das Sperma vor dem Maul des Weibchens, mit seinen Atembewegungen gelangt ein Teil davon zum Ei, die Besamung kann erfolgen.

Es ist nicht bekannt, ob an der Paarung dieser Fische auch wechselnde Partner teilnehmen können; die Vermutung liegt aber nahe: Wenn schon mehrere Männchen gleichzeitig um ein Weibchen balzen, ist es zumindest denkbar, daß auch ein zweites und drittes Männchen einmal in die Rolle des Samenspenders gelangen kann.

Der Gedanke an eine solche Möglichkeit wird auch dadurch bestärkt, daß »Polygamie« bei Maulbrütern gar nicht so selten ist. Wie schon bei *Astatotilapia burtoni* erwähnt, kann ein Weibchen innerhalb eines Laichzyklus mit mehreren Männchen ablaichen. Ebenso ist der umgekehrte Fall zu beobachten: ein Männchen »empfängt« in seinem Revier in kurzen Abständen verschiedene Weibchen.

Die Balz ist bei Maulbrütern so kurz, daß zwischen den Geschlechtspartnern gar keine festen Bindungen entstehen können, die über den Laichakt hinausreichen. Es gibt keine dauerhaften Familienbindungen, wie wir sie bei anderen Cichlidenarten beobachten können. Aber auch da kommen bei Arten mit festen, dauerhaften Partnerbindungen gelegentlich Ausnahmen vor.

Ein Zusammenhang zwischen Balz und Maulbrutpflege ist noch nachzutragen, der fast als Regel gelten kann. Der Partner, der die Balz aktiv einleitet, ist der Revierbesitzer, überwiegend die Männchen, aber es gibt auch Arten, bei denen die Weibchen das Laichrevier innehaben und die Geschlechtspartner anlocken. Der andere Partner — in der Balz der passivere Teil — führt dann die Maulbrutpflege durch.

Maulbrutpflege gibt es auch in der artenreichen Gruppe der Welse und bei Labyrinthfischen, wenn auch seltener als beispielsweise unter den Cichliden. Die »Erfindung« der Maulbrut ist phylogenetisch sicher jünger als das Substratbrüten, aus dem sie wahrscheinlich hervorging — erinnern wir uns an die Entwicklungsreihe, die am Beispiel südamerikanischer Cichliden demonstriert wurde. Ihr Auftreten in verschiedenen Fischfamilien bietet einen aufschlußreichen Beleg für konvergente Entwicklungen des Verhaltens.

Offen- oder Substratbrüter sind unter den Welsen zahlreich vertreten, aber ihr Laichverhalten ist noch in manchen Punkten ungeklärt, nicht zuletzt wohl auch deshalb, weil Welse lange Zeit nur von wenigen Spezialisten in Aquarien gehalten worden sind und in der aquaristischen Beliebtheitsskala weit hinten rangieren. Und auch heute betrachten manche Liebhaber die Welse nur als Resteverwerter, die im Gesellschaftsaquarium die Bodenzone beleben dürfen. Dabei bietet diese Fischgruppe viele interessante Verhaltensweisen, die für ihr häufig etwas unscheinbares Äußeres reich entschädigen – und nach wie vor offene Fragen, zu deren Klärung die Mitarbeit vieler Aquarianer zu wünschen ist.

Äußere Faktoren, durch die die Laichbereitschaft stimuliert wird, sind für viele Fischarten relativ sicher bestimmbar. Wassertemperaturen, saisonal unterschiedliches Futterangebot, Lang- oder Kurztagbedingungen sind nur drei offensichtlich häufig wirksame Faktoren, die in vielfältig verschränkter Wechselwirkung mit inneren Faktoren die Laichzeiten bestimmen. Sie lassen sich im Aquarium simulieren, und die Fische laichen dann »auf Bestellung« zu jeder Jahreszeit, unabhängig von den jahreszeitlichen Rhythmen, denen ihr Laichzyklus unter natürlichen Bedingungen unterliegt.

177/3–5 Bei Panzerwelsen der Gattung *Corydoras* aber reichen unsere Kenntnisse der Laichbereitschaft auslösenden äußeren Faktoren nicht aus.

Mit Fütterung und Wassertemperatur ist es bei ihnen nicht getan. Sie laichen trotz langjähriger Aquarienhaltung und -zucht noch immer hauptsächlich zur Regenzeit ihrer südamerikanischen Heimat, in den Monaten November bis März.

Es ist auch nicht sicher nachgewiesen, wie die Panzerwelsmännchen auf die Laichbereitschaft der Weibchen aufmerksam gemacht werden. Optisch auffällige Signale fehlen, die Geschlechtsunterschiede sind gering. Möglicherweise hilft der bei Welsen sehr gut entwickelte Geruchssinn.

Wie auch immer die Laichbereitschaft erkannt wird – zu beobachten ist, daß ein Weibchen gewöhnlich von mehreren Männchen umworben wird, aber nur eines schließlich zum Ziel kommt. Die Balz ist relativ kurz. Das Männchen umkreist mit aufgestellter Rückenflosse seine Partnerin und berührt dabei immer wieder tastend mit den Barteln ihren Bauch und Rücken.

Diese Berührungen steigern offensichtlich die Erregung des Weibchens und lösen ein Suchverhalten aus. So muß wohl das aufgeregte Hin- und Herschwimmen des Weibchens interpretiert werden. Es »untersucht« potentielle Laichstellen auf ihre Eignung, tastet sie mit den Barteln ab, »putzt« feste Wasserpflanzenblätter oder andere glatte Flächen – im Aquarium häufig die Scheiben an verschiedenen Stellen.

Keinesfalls werden alle untersuchten Plätze dann auch genutzt; am Ende fällt die Wahl oft nicht auf den nach menschlichem Ermessen günstigsten, und das Gelege wird vielleicht sogar neben den geputzten Stellen angeklebt.

Die Triebdisposition »Suchen nach einer geeigneten Laichstelle« (die so »sinnvoll«-zielgerichtet gar nicht ist, wie das Endergebnis häufig erkennen läßt) wird durch den Übergang zur unmittelbaren Paarungsvorbereitung abgelöst. Das jetzt laichwillige Weibchen schwimmt von der Seite her auf das Männchen zu und »betrillert« fortwährend seine vordere Bauchseite mit den Barteln. Das Männchen, das bis dahin noch alle Flossen steif-gespannt gehalten hat, klappt jetzt – auf den Berührungsreiz (?) – seine Brustflossen an den Körper und klemmt dabei die Barteln des Weibchens fest.

Einen Augenblick verharren beide Tiere in dieser Lage. Dann beginnt das Weibchen, sich unruhig, ruckhaft zu bewegen; es sieht aus, als versuche es, sich aus der ungewohnten Fesselung zu befreien. Diese Bewegungen, bei denen auch immer wieder der Bauch des Männchens berührt wird, scheinen der Auslösereiz für die Spermaabgabe zu sein. Noch aber ist kein Ei gelegt, und der Samen befindet sich nicht an der Stelle, wo die Eier austreten werden. Durch Flossen- und Kiemenbewegungen befördert das Weibchen die Spermien in die Nähe der Geschlechtsöffnung. Vom Männchen wieder freigelassen, bildet es durch das Zusammenlegen der Bauchflossen eine Art Tasche, in die jetzt die ausgestoßenen Eier langsam hineingleiten. Auf dem kurzen Weg in diese Flossentasche muß die Begegnung der männlichen Geschlechtszellen mit den Eiern, die Besamung, stattfinden.

Sekunden später schwimmt das Weibchen wieder suchend umher und preßt sich schließlich mit der Bauchseite gegen eine feste Unterlage. Mit dem Öffnen der Bauchflossentasche werden die sehr klebrigen Eier dabei angeheftet. Während der ganzen Zeit weicht das Männchen nicht von der Seite der Partnerin und drängt gleich wieder zum nächsten Laichakt.

Hält man eine größere Gruppe einer *Corydoras*-Art, kann man oft beobachten, daß alle Weibchen zur gleichen Zeit ablaichen. Möglicherweise spielen dabei auch wieder beim Laichen abgegebene Sexualpheromone eine Rolle.

Einige Ähnlichkeiten zum Laichverhalten der Panzerwelse finden sich auch bei dem schaumnestbauenden Schwielenwels *Hoplosternum thoracatum*. Das Männchen baut sein umfangreiches Schaumnest unter großen Schwimmpflanzenblättern. Schon während es allmählich entsteht, versucht das laichwillige Weibchen immer wieder, unter das Schaumnest zu gelangen. Es »probt« dann dort, bauchoben, das Anheften der Eier, wird aber vom Männchen, solange der Schaumnestbau noch nicht beendet ist, gleich wieder verjagt. Ein laichbereites Schwielenwelsweibchen ist gut an der starken Bauchpartie zu erkennen und daran, daß es immer wieder das bauende Männchen anschwimmt und mit seinen Barteln am Bauch »betrillert«. Ab und zu berührt es auch mit dem Maul den Genitalanhang des Männchens, ein etwa 8 mm langes häutiges Gebilde, das jetzt gut zu erkennen ist. Bei solchen Berührungen legt sich das Männchen leicht schräg und präsentiert seine Bauchseite, den Genitalanhang auf das Weibchen gerichtet. In dieser Phase scheint das Weibchen förmlich am Bauch des Partners zu hängen. Wie bei den *Corydoras*-Arten klemmt dann das Männchen die Barteln des Weibchens mit einer Brustflosse ein, nach meinen Beobachtungen aber offenbar nicht so fest.

Vermutlich löst die Berührung des Genitalanhangs beim Männchen die Spermaabgabe aus. Das Weibchen nimmt die danach austretenden Eier in der Bauchflossentasche auf und schwimmt mit ihnen zum Schaumnest. In Rückenlage wedelt es dort mit dem Kopf eine Stelle der Blattunterseite von den Luftblasen frei und heftet die Eier an. Den Bauch gegen die Unterlage gepreßt, gleitet das Weibchen, Kopf und Schwanz bogenförmig abgestreckt, über das Blatt, bis die Flossentasche geleert ist. Die angehefteten Eier werden vom Männchen sofort mit einer Schicht Luftperlen unterlegt, aber das Weibchen drängt bereits wieder zum nächsten Laichakt. Das fertige Gelege kann bis zu 1 000 Eier enthalten.

Die Brutpflege übernimmt das Männchen allein, die Laichpartnerin wird, wie jeder fremde Eindringling ins Revier, energisch vertrieben.

Brutpflegende Schwielenwelse sind sehr aggressiv. Sie greifen sogar die Hand an, wenn man ihnen beim Hantieren im Aquarium zu nahe kommt.

Die äußere Besamung ist für — fast — alle Fische typisch, wenn sie auch in sehr unterschiedlichen Formen auftreten kann: Schwarmlaicher, Offenbrüter, Höhlenbrüter, Schaumnestbauer, Killifische, Maulbrüter . . . Die Aufzählung ist unvollständig wie die Beispiele ihres Fortpflanzungsverhaltens, die auf den vorhergehenden Seiten erwähnt wurden. Bei allen erfolgt die Besamung außerhalb des mütterlichen Organismus. Die Eier sind bei diesem Vorgang im Wasser den verschiedensten Gefahren ausgesetzt. Verschiedene Wege der Evolution begegnen diesen Gefahren — durch hohe Eizahlen bei Freilaichern, ausgeprägte Revierbildung und -verteidigung bei den Offenbrütern, das versteckte Laichen, das Schaumnest, die besondere Brutfürsorge der Saisonfische, die Verkürzung der »offenen Brut« bei den Maulbrütern.

Viele der interessanten Verhaltensweisen sind erst durch die Aquarianer entdeckt worden, aber längst noch nicht alle Vorgänge sind eindeutig geklärt, eine Herausforderung, der sich passionierte Aquarianer und wissenschaftliche Verhaltensforschung nicht entziehen werden.

Gegenüber diesen »normalen« Formen der äußeren Besamung ist innere Besamung bei Fischen relativ selten und stimmt so wenig mit den allgemeinen Vorstellungen überein, daß ihre Entdeckung wirklich als Sensation empfunden wurde. Die Lebendgebärenden Zahnkarpfen — Guppys, Schwertträger und Platys — sind die bekanntesten Aquarienfische —, aber zur Familie der Lebendgebärenden Zahnkarpfen, den Poeciliidae, gehören noch zahlreiche weitere Gattungen und Arten.

Die innere Besamung setzt eine wesentliche Umgestaltung der Fortpflanzungsorgane der Fische voraus, äußerlich vor allem am Begattungsorgan der Männchen, dem sogenannten Gonopodium, erkennbar.

178/1, 3, 4 Beim Guppy (*Poecilia reticulata*) ist dieses Gonopodium sehr deutlich zu sehen. Es hat sich aus
62/1–3 dem 3. bis 5. Strahl der Afterflosse entwickelt und
63/4–9 bildet eine oben offene Rinne, über die bei der Kopulation das Sperma in den Körper des Weibchens gelangt. Die Spermien sind dazu durch eine Kittsubstanz zu einem Spermienpaket vereinigt, das sich erst im Eileiter auflöst. Ein Teil befruchtet dort die reifen Eier, ein Teil wird bis zu 15 Monaten in den Ovarialfalten gespeichert und steht dort »auf Abruf« bereit, um die in folgenden Trächtigkeitsperioden reifenden Eier zu befruchten. Eine Kopulation reicht also für mehrere Trächtigkeitsperioden.

Der Begattungsvorgang selbst, durch die einstimmende Balz noch in der lockeren Fischgruppe vorbereitet, ist beim Guppy wie bei den anderen Lebendgebärenden Zahnkarpfen kurz. Die Kopulation dauert kaum mehr als eine Sekunde. Sie setzt aber eine hohe Synchronisation der Bewegungen der Tiere voraus.

Nur die Spitze des Gonopodiums wird eingeführt. An ihr befinden sich artspezifisch unterschiedlich geformte winzige Häkchen, mit denen
178/4 es in der Genitalöffnung des Weibchens verankert wird. Die nach oben offene Rinne des Gonopodiums wird beim Nachvornstellen durch die Bauchflossen zur Röhre abgedeckt, durch die das Spermapaket übertragen wird. Unmittelbar danach löst sich das Männchen und schwimmt davon. Nichts verrät das eben stattgefundene Geschehen, es gibt keinerlei weitere Bindung zwischen den Geschlechtspartnern. Im Körper des Weibchens aber lagern die Spermien, im Ovarmedium monatelang lebensfähig, und befruchten die in aufeinanderfolgenden Trächtigkeitsperioden reifenden Eier. Im mütterlichen Organismus geschützt, wachsen die Embryonen heran und werden als vollentwickelte, lebensfähige Jungfische geboren.

Ähnlich wie beim Guppy verläuft die Paarung bei fast allen Lebendgebärenden Zahnkarpfen. Der Samen wird durch eine Kopulation übertragen, die Entwicklung vom Ei bis zum voll entwikkelten Jungfisch erfolgt im Körper der Mutter, die Eihülle wird unmittelbar vor der Geburt noch im Eileiter oder während der Geburt beim Austritt des lebenden Jungfischs gesprengt.

Innere Besamung und Lebendgeburt finden auch bei anderen Fischfamilien statt. Bei den Hochlandkärpflingen (Familie Goodeidae) z. B. ist das Begattungsorgan einfacher gebaut und wird auch nicht eingeführt.

Die Samenübertragung erfolgt bei ihnen über
eine muskulöse schlauchförmige Verlängerung 178/2
der Genitalöffnung des Männchens, die während 179/5
der Begattung gegen die des Weibchens gepreßt wird. Mit der Afterflosse, deren vordere 6 bis 8 Flossenstrahlen verkürzt und von der übrigen Flosse abgesetzt einen Zipfel bilden, umgreift das Männchen, dicht angeschmiegt, das Weibchen im Genitalbereich und dichtet damit gleichzeitig die Übertragungsstelle der Spermien ab. Der enge Paarungskontakt setzt hohe Übereinstimmung der Partner voraus. Daraus erklären sich auch die längere Balz und die vielen Versuche, die der eigentlichen Begattung vorausgehen. Sie ist gegenüber den Versuchen daran zu erkennen, daß ein deutlich erkennbares Zittern durch den Körper des Männchens geht.

Im Unterschied zu den Lebendgebärenden Zahnkarpfen erfolgt aber keine Vorratsbesamung. Nur die reifen Eier werden besamt, und nach jedem Wurf des Weibchens muß eine wei-

202/1 tere Begattung erfolgen. Nährstränge, sog. Trophotaenien, gewährleisten den Nährstofftransport vom mütterlichen Organismus zu den Embryonen. Die Jungen wachsen in der Ovarialhöhle der Mutter heran und werden ohne Eihülle geboren. Genau genommen, sind damit die Hochlandkärpflinge die »echten« Lebendgebärenden (= vivipar), während für die Lebendgebärenden Zahnkarpfen die Bezeichnung ovovivipar = eilebend-gebärend richtiger ist.

Unterschiedlich gebaute Begattungsorgane unterscheiden auch die Lebendgebärenden Halbschnäbler aus der Gattung *Hemirhamphodon* von denen der Gattung *Dermogenys.* Der komplizierte Begattungsvorgang dauert im Vergleich zu anderen Lebendgebärenden mit 20 bis 40 Sekunden sehr lange. Voraussetzung für die erfolgreiche Paarung ist die präzise Lage der Partner zueinander und die aktive Unterstützung des Paarungsaktes durch das Weibchen.

Das Männchen des Zahnleistenhalbschnäblers (*Hemirhamphodon pogonognathus*) schmiegt sich zuerst eng seitlich an das Weibchen und umfaßt mit dem vorderen Afterflossenteil die Geschlechtsregion des Weibchens. Unter sichtbarem Zittern des Männchens treten die Spermien als fadenförmiges Samenpaket aus der Genitalpapille aus und gelangen über die rinnenförmig angelegte Afterflosse zur Geschlechtsöffnung des Weibchens. Sie werden mit dem fingerförmigen hinteren Teil der Afterflosse (als Andropodium bezeichnet) in die Genitalöffnung gestopft, unterstützt durch rhythmisches Gegeneinanderbewegen der Bauchpartien beider Paarungspartner.

Es ist bei diesen Fischen auch beobachtet worden, daß die gleichen Partner nach kurzen Ruhepausen die Paarung mehrfach wiederholten.

Die unterschiedlichen Organstrukturen und Bewegungsabläufe, die eine innere Besamung ermöglichen, sind aber nicht immer mit der Lebendgeburt verbunden. So wurde bei Reiskärpflingen (*Oryzias latipes*) innere Besamung beobachtet, und bei den Salmlern zeigt der Zwergdrachenflosser (*Corynopoma riisei*) ein Paarungsverhalten, das zur inneren Besamung führt.

Die Männchen dieser Art »treiben« die Weibchen mit straff gespannten Flossen — ein eindrucksvolles Bild durch die im Verhältnis zum Körper sehr großen Flossen. Bemerkenswert ist die Art, wie sie die Paarung einleiten, die schon im Abschnitt Balz beschrieben wurde.

Über die weiteren Phasen der Paarungsvorbereitung gibt es nur interessante Hypothesen. So wird vermutet, daß die Berührung des Kiemendeckelfortsatzes beim Männchen die Ausschüttung einer sexuell stimulierenden Substanz bewirkt, über eine Drüse, die man an seiner Schwanzflossenbasis entdeckt hat. Zu beobachten ist jedenfalls, daß das Weibchen an der Seite des Männchens heftig zu zittern beginnt. Auf dieses Signal hin schwimmt das Männchen um das Weibchen herum und legt seine mit feinen Häkchen versehene Afterflosse um die Analgegend des Weibchens. Damit befindet es sich in der richtigen Position zur Übertragung des Samenpaketes. Wie das im einzelnen geschieht, konnte bisher nicht beobachtet werden. Fest steht aber, daß Vorratsbesamung stattfindet, die für viele Eiabgaben ausreicht. Das Weibchen legt später befruchtete Eier an feinfiedrigen Wasserpflanzen ab.

Brutfürsorge und Brutpflege – Erfolgsrezept der Natur

Viele Fische kümmern sich nach der Paarung und Eiablage nicht mehr um Laich und Brut, sie treiben keine Brutpflege. Die freilaichenden Schwarmfische gehören dazu, Salmler, Barben, aber auch z. B. freilaichende Labyrinthfische und sog. Dauerlaicher wie Regenbogenfische oder Eierlegende Zahnkarpfen.

Alle diese Fischarten überlassen den Laich sich selbst und damit den Gefahren, die ihn bedrohen.

Der höhere Gefährdungsgrad des ungeschützten Laichs wird in der Regel durch die gegenüber brutpflegenden Arten wesentlich, oft um ein Vielfaches, höhere Eizahl ausgeglichen.

Die Weibchen produzieren in jedem Laichzyklus große Eimengen, die in einem oder mehreren kurz aufeinanderfolgenden Laichakten abgegeben oder — bei den Dauerlaichern — über längere Zeiträume täglich in kleineren Portionen ausgestoßen werden. Viele Hunderte und Tausende von Eiern in einem Laichzyklus sind nicht ungewöhnlich. Bei größeren Fischarten können es sogar Hunderttausende (z. B. beim Karpfen) oder Millionen (z. B. beim Dorsch) sein.

Genauer betrachtet zeigt sich jedoch, daß auch die Freilaicher schon etwas wesentliches für den Schutz und die Entwicklung der Eier und der schlüpfenden Larven leisten. Sie laichen im flachen, erwärmten Wasser der Uferzone ihrer Gewässer, an Stellen mit dichtem Wasserpflanzenwuchs, über Fadenalgenpolstern, in den Überschwemmungsgebieten der Flüsse und Ströme.

Die abgesetzten Eier »verschwinden« zwischen den Pflanzen, der niedrige Wasserstand hält größere Freßfeinde ab, das erwärmte Wasser beschleunigt die Entwicklung. Die Sauerstoffversorgung der Brut ist durch die Assimilationsprozesse der Pflanzen gesichert, und die Jungfischschwärme finden in der reichen Mikrofauna zwischen den Pflanzenbeständen die Ernährungsbasis der ersten Wochen.

Durch die instinktiv gelenkte Wahl solcher Laichplätze haben die Eltern Brutfürsorge getrieben. Als Brutfürsorge bezeichnet man generell — in Abgrenzung zur Brutpflege — alle Handlungen der Elterntiere, die der Brut optimale Entwicklungsbedingungen schaffen. Mit der Eiablage oder Geburt sind sie abgeschlossen.

Bemerkenswerte Beispiele von Brutfürsorge bieten Eierlegende Zahnkarpfen der Gattungen *Nothobranchius, Cynolebias, Pterolebias* und *Terranotus* (früher *Austrofundulus*). Es sind sog. annuelle Fische; sie leben in Gewässern, die jährlich während der Trockenzeit verschwinden, aufgesogen von der glühenden Hitze der Tropensonne. Ihr Lebenslauf ist beendet, wenn der letzte Rest ihrer Wasserstelle verdunstet, falls sie nicht schon vorher in den immer mehr schrumpfenden Restlachen eine leichte Beute von Vögeln oder anderen Tieren geworden sind.

Die Erhaltung der Art ist bei diesen »Saisonfischen« durch die Brutfürsorge der Eltern und die besondere Ausbildung der festschaligen Eier und ihre langsame Embryonalentwicklung gesichert.

Die Eier werden, wie schon beim Paarungsverhalten beschrieben, im Bodengrund der austrocknenden Gewässer untergebracht. Sie überdauern dort in der geringen Restfeuchte die Trockenzeit, bis sich in der Regenzeit neue Lebensräume bilden. Innerhalb weniger Stunden sprengt dann der fertige Jungfisch die Eihülle. Parallel mit dem Schlupf der Jungfische haben sich in den Gewässern auch eine Fülle von Mikroorganismen und Insektenlarven entwickelt, die Nahrungsgrundlage für die Zahnkarpfen sind. Sie wachsen bei reichlichem Futter sehr rasch heran, und schon wenige Wochen nach dem Schlüpfen sind die Tiere geschlechtsreif und beginnen zu laichen.

Als eine spezielle Form der Brutfürsorge kann sicher auch eine Verhaltensweise verstanden werden, die bei den Reiskärpflingen der Gattung *Oryzias* zu beobachten ist. Beim Laichakt im engen Körperkontakt werden die Eier vom Weibchen in die durch die große Afterflosse des Männchens gebildete Tasche abgegeben und dort besamt. Sie bleiben danach als Eitraube am Bauch des Weibchens hängen, bis sie – oft erst nach Stunden – an Wasserpflanzen abgestreift werden.

Brutfürsorge ist von ihrer allgemeinsten Form – der Wahl günstiger Laichorte – bis zu vielen speziellen Erscheinungen bei den meisten Fischen zu beobachten.

Brutpflege wird dagegen seltener ausgeübt, ist aber in so unterschiedlichen Ausprägungen entwickelt, daß hier nur eine kleine Auswahl angeführt werden kann. Sie reicht von der Bewachung der Gelege bis zur monatelang ausgedehnten Führung und Verteidigung der Jungfische.

Salmler gehören überwiegend zu den freilaichenden Schwarmfischen, bei denen man Brutpflege nicht erwartet. Tatsächlich gibt es aber einige Arten, die Ansätze zur Brutpflege zeigen, wie z. B. *Pyrrhulina*- und *Copella*-Arten.

Paare von *Pyrrhulina vittata* laichen gewöhnlich auf der Oberseite horizontal ausgebreiteter Wasserpflanzenblätter oder auf glatten Steinen. Das Männchen bewacht das angeheftete Gelege und auch die geschlüpften Larven bis zum Freischwimmen und versorgt die Brut flossenwedelnd mit Frischwasser. Die Weibchen werden gleich nach dem Ablaichen vertrieben. Einer Auseinandersetzung mit stärkeren Tieren gehen die Männchen allerdings aus dem Wege.

Eine besonders interessante und ungewöhnliche Art der Brutpflege bietet der Spritzsalmler (*Copella arnoldi*). Schon der Laichvorgang ist in seiner Art einmalig. Diese Salmler laichen nicht im Wasser, sondern dicht oberhalb der Wasseroberfläche, an der Unterseite eines kräftigen Blattes, im Aquarium auch an der Deckscheibe. Die Paare schnellen sich gemeinsam aus dem Wasser und heften sich, die großen Flossenflächen als Saugnäpfe nutzend, für Sekunden am gewählten Laichsubstrat fest. Nach zahlreichen Sprungversuchen werden schließlich die ersten Eier angeheftet und besamt. Das wesentlich kleinere Weibchen fällt nach dem Laichakt zuerst ins Wasser zurück. In einer ganzen Serie solcher Einzelpaarungen wird das Gelege vollendet. Es klebt schließlich, kleinen Gallertklümpchen ähnelnd, an der Blattunterseite.

Das Männchen übernimmt jetzt – nachdem es das beteiligte Weibchen und alle anderen Fische aus dem Brutrevier verjagt hat – die ungewöhnliche Brutpflege. Es schwimmt direkt unter das Gelege, stellt sich in regelmäßigen Abständen senkrecht »auf den Schwanz«, kippt dann seitlich ab und schleudert mit der Schwanzflosse Wasser- 198/3
tropfen an das Gelege. So immer gleichmäßig feucht gehalten, entwickeln sich in den Eiern die Larven, dem Zugriff von Feinden im Wasser entrückt. Der Schlupf erfolgt zwischen 20 und 36 Stunden nach der Eiablage. Die geschlüpften Larven werden mit den Wassertropfen in ihr Lebenselement gespült.

Damit erlischt der Brutpflegeinstinkt des Männchens; es kümmert sich nicht weiter um die Brut.

Bei schaumnestbauenden Labyrinthfischen beginnt die Brutpflege mit umfangreichen Aktionen der Brutfürsorge, mit der sorgfältigen Wahl des Laichplatzes und dem Bau eines artspezifisch und individuell unterschiedlich großen und festen Schaumnests.

Im Nest finden die Eier und Larven günstige Entwicklungsbedingungen. Sie bleiben bis zum Freischwimmen der Jungfische konzentriert unter dem Schutz des Männchens. Das Schaumnest wird als Reviermittelpunkt energisch verteidigt.

Die Betreuung der Eier und Larven ist in der Regel die Aufgabe des Männchens. Seine Brutpflege beginnt damit, daß es alle Eier aufsammelt und im Nest unterbringt. Das ist bei den wasserhell-durchsichtigen Schwimmeiern nicht einfach. Sie sind bewegungslos an der Wasseroberfläche oder an Pflanzenteilen anliegend schwer zu erkennen. Männchen der *Colisa-*, *Trichogaster-* und *Macropodus-*Arten demonstrieren in dieser Phase eine Verhaltensweise, die auch als Beutefangverhalten gelegentlich eingesetzt wird. Sie schleudern, kopfoben, fast senkrecht dicht unter der Wasseroberfläche stehend, mittels Pumpbewegungen der Mundhöhle und der Kiemendeckel
198/1 in kurzen Intervallen Wassertropfen in die Luft. Die rückfallenden Wassertropfen reißen noch an der Oberfläche treibende Eier mit nach unten. Im Wasser schwebend, können sie leichter eingesammelt und mit den übrigen im Schaumnest untergebracht werden.

Im Nest werden die Eier immer wieder umgeschichtet und mit feinen Luftbläschen unterlegt, die in dieser Phase der Brutpflege über die Kiemen abgegeben werden.

Die differenzierten Handlungsabläufe der Brutpflege sind erstaunlich genau auf die Bedürfnisse des Laichs abgestimmt. Sie sind natürlich nicht »sinnvolles« Ergebnis einsichtigen Handelns der Tiere, sondern durch ein in der evolutionären Entwicklung entstandenes Handlungsprogramm gesteuert, das weitgehend unveränderlich, starr auf bestimmte Reize mit entsprechenden Reaktionen antwortet.

Interessant sind in diesem Zusammenhang »sinnlose« Handlungen, die wirklich unbegreiflich bleiben müßten, wenn nicht dieser Reiz-Reaktions-Mechanismus gegeben wäre.

Unter dem Schaumnest von *Trichogaster leeri*, aber auch anderer Labyrinthfische, wurden gelegentlich Sandkegel beachtlicher Größe gefunden. Sie entstehen dadurch, daß das Männchen Sand vom Boden aufnimmt und ins Nest spuckt. Der Sand wird vom Schaum nicht festgehalten, rieselt wieder nach unten und bildet dort schon im Verlaufe weniger Stunden die erwähnten Kegel.

Eine genauere Untersuchung der Umstände ergab, daß solche Bauten nur bei Männchen auftraten, die entweder unbefruchtete Eier im Nest hatten oder die nach Nestbau und Scheinpaarungen durch irgendwelche äußeren Einflüsse nicht zum Ablaichen gelangt waren.

Die Triebdisposition zum Einsammeln und Zusammenhalten der Eier und Larven ist nach Nestbau und (wenn auch erfolglos gebliebenem) Laichakt gegeben; sie muß sich abreagieren, mangels wirklicher Eier und Larven, die eingesammelt und ins Nest gespuckt werden können, an Ersatzobjekten.

Die Larven der schaumnestbauenden Labyrinthfische schlüpfen nach ca. 24 Stunden.

Stammen sie aus Schwimmeiern, haben sie im Dottersack noch den Öltropfen, der schon die Schwimmfähigkeit der Eier sicherte. Sie werden passiv vom Auftrieb an der Wasseroberfläche gehalten. Anders ist das bei den Larven, die aus den sog. Sinkeiern kommen. Sie sind schwerer als Wasser und brauchen deshalb spezielle Organstrukturen, um an der Wasseroberfläche bleiben zu können. Haftorgane, aus Schleimzellen gebildete Strukturen am Kopf und Rückenanfang der Larven, sichern das.

Das Zusammenhalten der Larven wird mit ihrer fortschreitenden Entwicklung für das
Männchen immer schwieriger. Es ist immer stär- 199/5
ker davon beansprucht, absinkende Larven einzusammeln und ins Schaumnest zurückzubringen. Mit dem Freischwimmen der Jungfische erlischt sein Pflegeinstinkt.

Während der Zeit der Brutpflege verteidigt das
Männchen das Revier energisch gegen Eindring- 199/6
linge, zu denen auch die Laichpartnerin gehört, die nach dem Ablaichen nicht mehr in der Nähe des Schaumnests geduldet wird.

Das ist anders bei den Arten mit Sinkeiern. Bei ihnen helfen (vgl. S. 147) die Weibchen schon während des Laichzyklus beim Einsammeln der Eier. Sie bleiben häufig im Revier oder halten sich an seinen Grenzen auf. Dem Anschein nach übernehmen sie auch die Verteidigung des Reviers. Die vorsichtige Formulierung ist hier angebracht. Die Aquarienbeobachtungen sind möglicherweise wegen der begrenzten Verhältnisse auch in diesem Fall unzuverlässig; sichere Freilandbeobachtungen fehlen.

Sicher sind aber die Beziehungen dieser Weibchen zum Laich und den heranwachsenden Larven anders geartet. Sie übernehmen auch allein die Brutpflege, wenn das Männchen nach dem Laichen aus dem Becken entfernt wird.

Vermutlich ist aber das Schema überhaupt nicht so fest und artspezifische oder individuelle Ausnahmen häufiger. Ich habe selbst oft beobachten können, daß das Weibchen des Makropoden (*Macropodus opercularis*) ebenfalls die Brutpflege übernimmt, wenn das Männchen ausfällt — was es nach dem Schema gar nicht tun dürfte.

Bei den Ceylonmakropoden (*Belontia signata*), die systematisch mit den Makropoden nichts zu tun haben, ist gemeinsame Brutpflege beobachtet worden. Sie verteidigen sogar noch die freischwimmenden Jungfische einige Zeit, während bei allen anderen bekannten Labyrinthfischen der Brutpflegeinstinkt der Männchen erlischt, sobald die Larven sich selbständig machen.

Es wurden Beobachtungen mitgeteilt, daß Ceylonmakropoden bei Gefahr den Laich aufnehmen, mit dem Laich im Maul Deckung suchen und danach den Laichklumpen wieder an die alte Stelle zurückbringen!

Man sieht, auf diesem Gebiet sind noch viele Fragen offen und bieten ein reiches Betätigungsfeld für aquaristische Forschungen.

Labyrinthfische entwickelten auch die Maulbrutpflege, mit hoher Wahrscheinlichkeit als selbständige »Erfindung«. Von drei Gattungen (*Sphaerichthys, Parophiocephalus* und *Pseudobetta*) ist Maulbrutpflege bekannt. Über ihr Paarungsverhalten wurde bereits im vorhergehenden Kapitel berichtet (vgl. S. 148). Beim Schokoladengurami (*Sphaerichthys osphromenoides*) behalten die Weibchen Eier und Larven etwa 14 Tage im
Maul und entlassen Jungfische, die mit 6 mm für 199/7
Labyrinthfische schon recht groß sind. Bei den beiden anderen Gattungen üben die Männchen die Maulbrutpflege aus. Nach durchschnittlich 10
Tagen sind die freischwimmenden Jungfische zu 201/4
entdecken.

Alle bisher beobachteten maulbrütenden Labyrinthfische kümmern sich nicht weiter um die einmal freigelassenen Jungfische. Sie gehen, wie bei allen anderen Labyrinthfischen, ihre »eigenen Wege« und zerstreuen sich. Schwarmbildung ist nicht zu erkennen.

Schon recht ausgeprägte Formen der Brutpflege bieten die Männchen der Welsgattungen *Loricaria* und *Ancistrus*, die als Laichplatz Verstecke unter Wurzeln und in Höhlen bevorzugen. *Loricaria*-Männchen wählen gelegentlich ein derbes Wasserpflanzenblatt.

Wichtig für die Wahl scheint eine leichte Wasserbewegung zu sein, offenbar eine Anpassung, die aus der stammesgeschichtlichen Entwicklung dieser Welse in fließenden, sauerstoffreichen Gewässern erklärt werden kann. Im Aquarium besetzen die Männchen gern ein Laichrevier, in dem das Wasser durch den Ausströmer eines kräftigen Motorfilters in Bewegung ist. Eine Bambus- oder Tonröhre, die Sichtschutz bietet und durch geschickte Anordnung des Ausströmers ständig leicht vom Wasser durchspült wird, nehmen sie sicher als Laichplatz an.

Die Gelege dieser beiden Welsgattungen unterscheiden sich deutlich. Während *Loricaria*-Weibchen die klebenden Eier einzeln, nacheinander meist am Boden des Verstecks anheften, stoßen *Ancistrus*-Weibchen den Laich in einem Zuge ab. Er bildet dann einen unregelmäßig geformten Klumpen, der häufig auch an der Seite oder der Decke der Laichstelle angeklebt ist. Nur die Männchen betreuen das Gelege und verteidigen es heftig. Sie verjagen die Partnerin wie jeden fremden Fisch aus der Nähe des Geleges.

Über dem Gelege sind die Männchen ständig in unruhiger Bewegung. Sie fächeln mit den Brustflossen Wasser zu den Eiern, säubern sie mit dem Saugmaul von ansetzenden Infusorien oder Schmutzteilchen und lesen dabei auch unbefruchtete Eier aus, die verpilzend das ganze Gelege gefährden könnten.

Ancistrus-Larven schlüpfen etwa 5 Tage nach dem Laichen und hängen dann mit kleinen Klebefäden an der Laichstelle. Auch in dieser Entwicklungsphase der Brut betreut das Männchen intensiv, sichert die Sauerstoffversorgung und deckt bei vermeintlicher Gefahr die schwänzelnde Larvenschar mit seinem Körper ab.

Die Bindung des Männchens an die Larven ist so stark, daß es seine Schutzstellung auch dann nicht aufgibt, wenn man die Laichröhre anhebt und – um z. B. die Brutpflege besser beobachten zu können – an einer anderen Stelle des Aquariums plaziert. Erst nach 8 bis 10 Tagen, wenn die Larven den Dottersack aufgezehrt haben und beginnen, frei zu schwimmen, erlischt der Pflegeinstinkt des Männchens. Die Jungen machen sich selbständig, vereinzeln sich und suchen Verstecke zwischen den Kieseln des Bodengrunds, wo sie Schutz und ihre erste Nahrung finden.

Bei den *Loricaria*-Männchen reicht dagegen
203/3, 4 die Brutpflege nur bis zum Schlupf der Larven, die dafür jedoch, schon weiter entwickelt als *Ancistrus*-Larven, erst nach 8 bis 9 Tagen schlüpfen und nach kurzer Zeit selbständig den Laichplatz verlassen können.

Auch schaumnestbauende Welse (*Callichthys*-, *Dianema*- und *Hoplosternum*-Arten) pflegen das Gelege nur bis zum Schlupf der Larven.

Die Männchen unterlegen die im Schaumnest untergebrachten Eier immer wieder mit feinen Luftbläschen und verteidigen das Revier energisch. Wenn die Larven die Eihülle durchbrechen, was je nach Wassertemperatur zwischen dem 4. und 6. Tag nach der Eiablage geschieht, hören alle Brutpflegehandlungen auf, und das Männchen überläßt die geschlüpften Larven ihrem Schicksal. Nach 2 bis 3 Tagen haben sie den Rest des Dotters aufgebraucht. Die freischwimmenden Jungtiere beginnen mit ihrer Entfernung vom Schaumnest ihre selbständige Existenz.

Brutpflegeverhaltensweisen zeigen häufig ähnliche Formen, die unabhängig von Verwandtschaftsbeziehungen in ganz verschiedenen Familien analog entstanden sind.

Die Wahl eines versteckten, vor Sicht gedeckten Laichplatzes, Säuberung des Geleges durch »Belutschen«, die Entfernung abgestorbener Eier aus dem Gelege, die Sauerstoffversorgung der Eier und Larven durch Fächeln mit den Brustflossen findet sich so auch bei den kleinen Goldringelgrundeln (*Brachygobius nunus*). Das Männchen betreut das Gelege, das an der Wandung des 203/5
Höhlenverstecks angeheftet ist. Bis zum Schlupf der Larven dauert es 5 bis 8 Tage, nach weiteren 2 Tagen verlassen sie, schwimmfähig geworden, die Bruthöhle und beginnen das selbständige Jungfischdasein dicht unter der Wasseroberfläche.

Cichliden gehen in der Brutpflege häufig viel weiter. Ihre langanhaltenden, nuancierten Beziehungen zu den heranwachsenden Jungfischen sind viel untersucht worden und vermitteln dem beobachtenden Aquarianer hochinteressante Einblicke in Lebensweisen, Sozialstrukturen und Kommunikationsformen.

Ein Cichlidenpaar, das seinen Jungfischschwarm führt, fasziniert nicht nur den Liebhaber; sicher zählt dieses Erlebnis immer wieder zum Schönsten, was die Aquaristik bietet.

Die so ausgedehnte Brutpflege ist aber gar nicht für alle Cichliden charakteristisch. Es gibt auch Arten, bei denen die Brutpflege auf den Zeitraum bis zum Freischwimmen der Jungfische begrenzt bleibt.

Der Quappenbuntbarsch (*Teleogramma brichardi*) liefert ein aufschlußreiches Beispiel, wie die arttypische Anpassung an ein bestimmtes Biotop die gesamte Lebensweise und natürlich auch das Brutpflegeverhalten beeinflußt.

Schon in anderem Zusammenhang wurden Abwandlungen im Körperbau und der Schwimmweise aus ihrer Existenz am Bodengrund schnellfließender Gewässer und ihr Einzelgängertum und der ausgeprägte Revierverteidigungsinstinkt aus der relativen Nahrungsarmut ihres Lebensraums gedeutet. Die gleichen Bedingungen determinieren die Brutpflege.

Das Weibchen besetzt in der Fortpflanzungsphase ein Brutrevier, eine geschützte Laichhöhle, und übernimmt allein die Betreuung des Geleges, das fest haftend an der Wandung der Höhle angebracht wird. Hier wiederholt sich schon Bekanntes — Befächeln mit den Flossen, Säubern der Eier mit dem Maul. Die schlüpfenden Larven hängen sich mit einem stark klebenden Sekret an die Höhlenwand und sind so gegen die Gefahr gesichert, von der Wasserströmung abgetrieben zu werden. In dieser Entwicklungsphase betreut das Weibchen noch die Heranwachsenden, versorgt die Larven fächelnd mit Frischwasser und verteidigt das Brutrevier. Wenn aber die Larven sich von der schützenden Höhlenwand ablösen und ihre ersten ungeschickten Schwimmversuche unternehmen, wird es aussichtslos, sie in der Strömung des Wassers zusammenzuhalten. Es wäre auch vom Standpunkt der Arterhaltung in einem nahrungsarmen Gebiet gar nicht »zweckmäßig«. Die Jungfische machen sich wenige Tage nach dem Freischwimmen selbständig, verlassen das Brutrevier und suchen sich ein eigenes Nahrungsrevier, das sie gegen gleichaltrige Artgenossen entschieden verteidigen.

Die *Julidochromis*- und *Lamprologus*-Arten zeigen kein ausgeprägtes Brutpflegeverhalten; Laich, Larven und freischwimmende Jungfische werden kaum beachtet. Die heranwachsenden Nachkommen genießen aber den Schutz des Brutreviers, das gegen fremde Fische verteidigt wird. Sie werden bis zum Alter von zwei Monaten im Revier geduldet. In dieser Zeit laichen die Elterntiere schon wieder, so daß sich im Revier gleich-
206/3 zeitig Jungfische verschiedener Entwicklungsstufen aufhalten können.

Die für höhlenbrütende Cichliden typischen Brutpflegehandlungen werden eindrucksvoll von den *Apistogramma*-Arten vorgeführt.

Die Weibchen besetzen, wie schon an anderer Stelle (vgl. S. 149) erwähnt, in einem männlichen »Großrevier« ihre Brutreviere und übernehmen die unmittelbare Pflege der Brut. Relativ selten ist unter Aquarienbedingungen beobachtet worden, daß das Männchen bei den Jungfischen geduldet wird.

Solange die Eier an der Höhlenwandung hängen, besteht die Pflege des *Apistogramma*-Weib- 204/1
chens in den bekannten Säuberungsarbeiten. Zur Frischwasserversorgung setzen sie, schräg verkippt vor dem Gelege stehend, die Schwanzflosse ein. Etwa 4 Tage nach der Eiablage beginnt der Schlupf der Larven, vom Weibchen aufmerksam verfolgt. Es leistet sogar »Geburtshilfe«, indem es die zappelnden Larven aus der Eihülle heraussaugt, sobald sie durch die Bewegungen der Larven aufreißt. Jede Larve wird im Maul zu einer schützenden Vertiefung in der Nähe des Laichplatzes transportiert und dort abgelegt. Solche flachen Bodenmulden hat das Weibchen schon in der Vorbereitung des Laichens und während der Pflege des Geleges in der näheren Umgebung der Bruthöhle gesucht oder selbst ausgehoben.

Der Schlupf der Larven erfolgt rasch, und das Weibchen ist mit dem Hin und Her zwischen Gelege und Ablegestelle beschäftigt, bis auch die letzte aus dem Ei »gekaut« ist.

Wenn die zappelnden Larven komplett in der Grube versammelt sind, stellt sich das Weibchen fächelnd darüber, in der Regel aber nicht lange. Möglicherweise genügt das erste Versteck noch nicht den Schutzbedürfnissen, und so werden die Larven in eine andere Mulde umquartiert. Meist zu mehreren auf einmal befördert das Weibchen die Larven im Maul zu dem neuen Platz. Für den Beobachter ist mitunter nicht zu erkennen, wodurch sich dieses Quartier vom ersten Ablegeplatz unterscheidet.

In der zweiten Grube bleiben die Larven gewöhnlich, bis sie am 4. oder 5. Tag nach dem Schlupf ihre ersten ungeschickten Hopser versuchen. Es dauert dann aber nur noch Stunden, und der Jungfischschwarm schwimmt, noch eng zusammengeschlossen, in unmittelbarer Nähe des Weibchens dicht am Boden entlang.

Die angeborenen Reiz-Reaktions-Mechanismen, mit denen die Kommunikation zwischen der Mutter und dem Jungfischschwarm gesichert ist, funktionieren dem Augenschein nach über optische Informationen. Die auffällige Brutpflegefärbung der *Apistogramma*-Weibchen, ein artverschieden ausgeprägtes gelbschwarzes, markantes Zeichnungsmuster und auffällige Körper-
204/2 und Flossenbewegungen lösen Nachfolge- oder Schutzreaktionen des Jungfischschwarms aus und halten ihn zusammen.

Durch eingehende Verhaltensuntersuchungen konnte nachgewiesen werden, daß sich die auslösende Wirkung der optischen Signale erhöht, je kontrastreicher die Brutfärbung, je höher die Geschwindigkeit des führenden Weibchens bei der ruckartigen Vorwärtsbewegung ist und je häufiger die charakteristischen Flossenzuckungen pro Zeiteinheit ablaufen. Gefahr signalisiert das *Apistogramma*-Weibchen, über dem Schwarm stehend, mit Körperzuckungen und wiederholtem, schnellen Anlegen und Spreizen der Flossen. Die Jungfische lassen sich sofort zu Boden sinken und sind dort auf Grund ihrer Tarnfärbung und bewegungslos in den Spalten zwischen dem Kies kaum noch auszumachen.

Ist die Gefahr vorüber, schwimmt das Weibchen langsam, »normal« über den Bereich, in dem sich die Jungfische »gedrückt« haben, und einer nach dem anderen erhebt sich wieder, und im Schwarmverband geht die unterbrochene Futtersuche weiter.

Auch das Weibchen reagiert auf optische Signale der Jungfische, z. B. auf anomale Bewegungen. Es kommt vor, daß ein Jungtier plötzlich taumelnd schwimmt, sich fortwährend überschlägt. Verursacht wird das vermutlich dadurch, daß sich mit bloßem Auge gar nicht wahrzunehmende Kleinstorganismen, Rädertierchen oder Cyclopsnauplien, angesetzt haben, welche die Schwimmfähigkeit so stark beeinträchtigen. Das Weibchen nimmt den behinderten Fisch ins Maul, »kaut« ihn durch und beseitigt dabei offensichtlich die Störung. Gewöhnlich schwimmt das nach dieser Reinigungsprozedur wieder freigelassene Jungtier dann ganz normal weiter, als ob nichts geschehen sei.

Erstaunlich an diesem Vorgang ist, daß die ins Maul genommenen Jungfische nicht gefressen werden; denn fremde Tiere von gleicher Größe werden selbstverständlich als Futter betrachtet. Das ist kaum auf eine optische Differenzierung von eigener und fremder Brut zurückzuführen. Vermutlich spielt dabei die hochentwickelte chemische Kommunikationsfähigkeit der Fische eine Rolle. Sie unterscheiden offenbar am Geruch (oder Geschmack?) arteigene von fremden Jungtieren, möglicherweise sogar die eigene Brut von der artgleichen eines fremden Weibchens und haben nur gegenüber den eigenen Nachkommen eine Freßhemmung herausgebildet. Daß diese Freßhemmung unter bestimmten Umständen aber auch aufgehoben wird und nicht nur das eigene Gelege und die noch unselbständigen Larven, sondern sogar schon freischwimmende Jungfische plötzlich von den Eltern aufgefressen werden und andererseits auch Adoptionen fremder Tiere durch brutpflegende Weibchen beobachtet worden sind, macht die Sache noch verwickelter.

Möglicherweise spielen dabei auch Wasserverunreinigungen, die im Aquarium häufiger als unter natürlichen Bedingungen auftreten dürften, eine negative Rolle. Der Gedanke drängt sich auf, daß stärkere chemische Reize den Geruch der Jungfische überdecken und sie deshalb — unerkannt — gefressen werden können (?).

Jeden Abend lotst das *Apistogramma*-Weibchen die Jungfischschar zum »Schlafplatz«, in der Regel eine vor Sicht geschützte Mulde im Bodengrund. Während die Jungtiere dort dicht aneinandergedrängt liegen, steht das Weibchen wachehaltend darüber, solange es noch etwas hell ist. Erst bei vollkommener Dunkelheit läßt es sich zum Ausruhen direkt neben der Mulde nieder.

Die Brutpflege kann in ihrer letzten Phase, der Führung der heranwachsenden Jungfische, wochenlang anhalten. Sie wird häufig erst dann beendet, wenn durch die Eireifungsprozesse im weiblichen Organismus der nächste Laichzyklus eingeleitet wird.

1		4	5
		6	7
2	3	8	9

1 Um an der Aquarienscheibe haftende Eier herunterzuspülen, spuckt dieser *Trichogaster trichopterus* Wassertropfen in schneller Folge über die Wasseroberfläche

2 Nach dem Laichen befächelt das Männchen des Zick-zack-Copellas mit den Brustflossen das Gelege auf dem Blatt

3 Die ungewöhnliche Brutpflege des Spritzsalmlers (*Copella arnoldi*). Mit der Schwanzflosse spritzt das Männchen Wasser an das Gelege über der Wasseroberfläche

4 Der Knurrende Zwerggurami (*Trichopsis pumilis*) bringt seinen Laich in einem Schaumnest unter, das meist unter einem Blatt angelegt ist

5 Die geschlüpften Larven hängen nach dem Schlupf unter dem Blatt

6 Das kleine Männchen des Honiggurami (*Colisa chuna*) attackiert einen viel größeren Fisch (*Ctenopoma ansorgii*), der sich seinem laichvollen Nest genähert hat

7 Das Weibchen des Schokoladengurami (*Sphaerichthys osphromenoides*) hat seinen Laich im Maul untergebracht

8 Brutpflegendes Männchen der Pastellgrundel (*Tateurndina ocillicauda*)

9 Das Kammkugelfisch-Männchen bei der Brutpflege

Vorstehende Seite: Brutpflegendes *Pseudosphromenus dayi*-Männchen

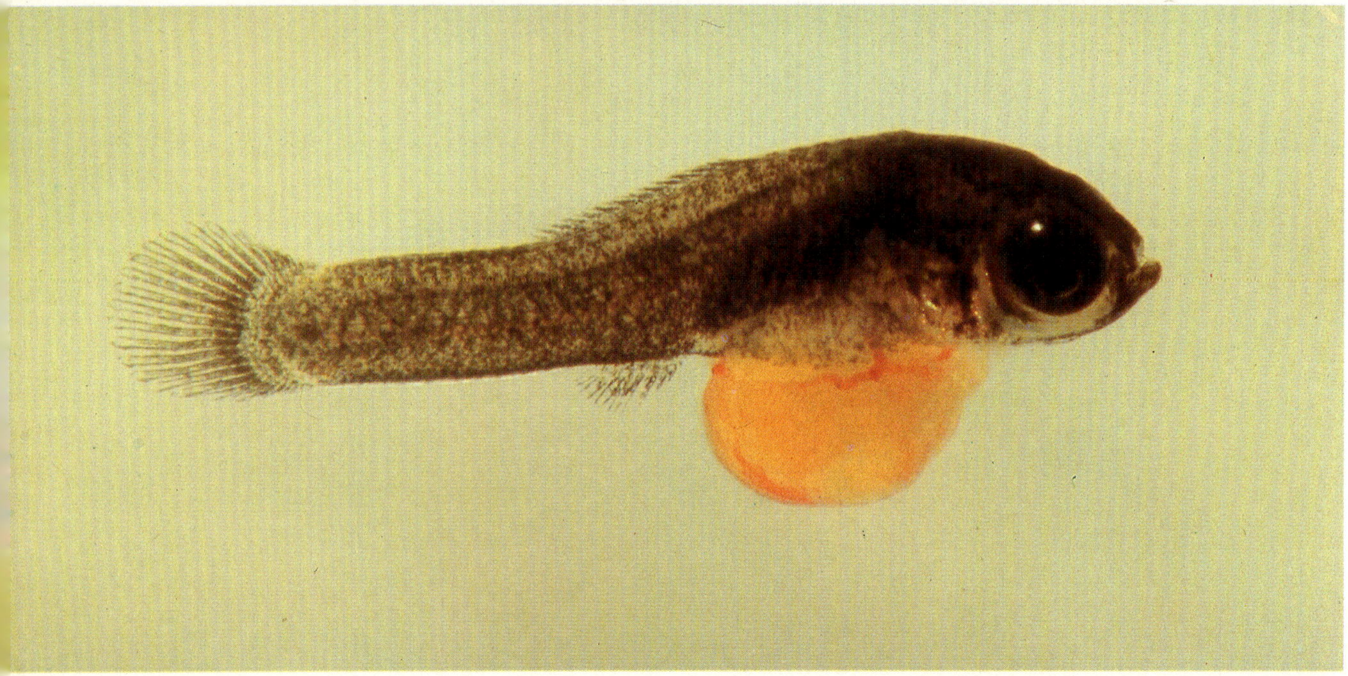

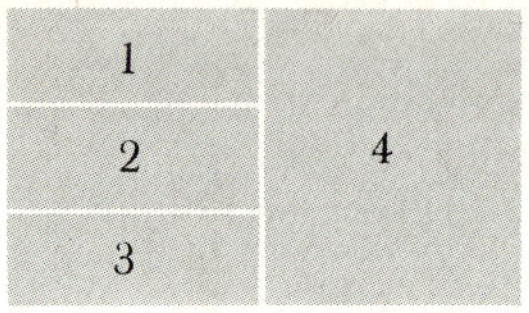

1 Geburt eines Guppys. Er verläßt das Ei direkt bei der Geburt und »entrollt« sich sofort nach dem Ausstoß

2 Nicht voll entwickelter Jungfisch von *Poecilia latipinna.* Der Dottersack ist noch nicht abgebaut

3 Geburt eines Jungfisches von *Nomorhamphus celebensis*

4 Das Männchen eines *Pseudobetta taeniata* entläßt gerade einen Jungfisch aus dem Maul. 10 bis 12 Tage hatte es die Eier bzw. Larven im Maul

1	3	4
2	5	6

1 Ein Hochlandkärpfling wird geboren. Man erkennt noch die weißen Trophotaenien (»Ernährbänder«) bei dem Jungfisch

2 Hier wird deutlich, wie groß die Jungfische bei der Geburt bereits sind

3 Ein schwarzes *Dasyloricaria filamentosa*-Männchen bei der Brutpflege. Die Eier werden fortwährend »abgelutscht«

4 Das Gelege des *D. filamentosa* kurz vor dem Schlupf der Jungfische. Einige Jungfische haben die Eihülle schon gesprengt

5 Das *Brachydanio nunus*-Männchen pflegt ebenfalls intensiv. Das Gelege wird immer wieder mit dem Maul gesäubert

6 Offenbrüter bewachen und pflegen ihr Gelege abwechselnd. Hier hält das Männchen eines Tüpfelbuntbarsches (*Aequidens curviceps*) Wache über dem Gelege

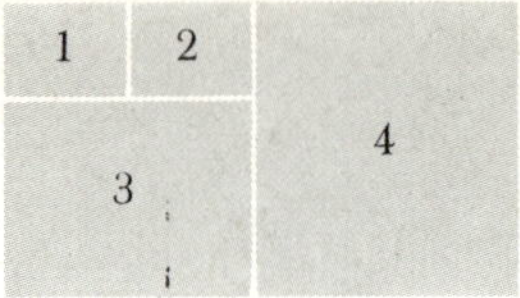

1 Das Weibchen von *Apistogrammoides pucallpaensis* hat eine auffällig gelbe Brutpflegefärbung

2 Auch dieses Weibchen einer noch unbestimmten *Apistogramma*-Art zeigt die gelbe Färbung. Bei Gefahr warnt es die Jungfische mit Flossen- und Körpersignalen

3 *Nanochromis nudiceps*-Weibchen bei der Pflege des Geleges

4 Die Larven des Tüpfelbuntbarsches werden sehr oft von einer Grube in die andere umgesetzt und hier immer von einem Elternteil bewacht. Der andere sichert die weitere Umgebung

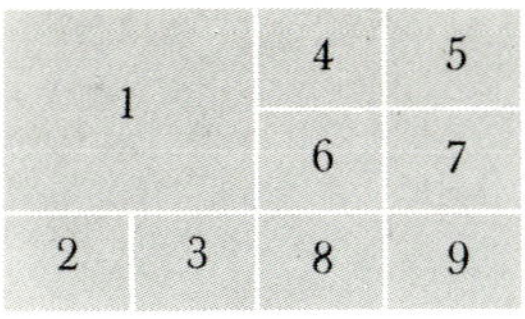

1 *Cichlasoma meeki* mit seinen Jungfischen. Bei nahender Gefahr wird die Maske mit zum Drohen eingesetzt

2 Am Abend bringen die Elterntiere ihre Jungfischschar in ein sicheres Versteck. Diese *Pelvicachromis taeniatus* haben dafür ihre Laichhöhle gewählt

3 Jungfische von *Lamprologus brichardi* werden nur sehr oberflächlich bewacht. Auch größere Jungfische können im Revier umherschwimmen. Oft halten sich mehrere Bruten unterschiedlicher Größe darin auf

4 *Nannacara anomala*-Weibchen über ihrem Gelege

5 In der Nacht befindet sich das Weibchen direkt beim Gelege, die Brutpflegezeichnung ist verblaßt

6 Die letzten Jungfische werden »aus dem Ei gepellt«

7 Die noch nicht schwimmfähigen Larven folgen »hüpfend« dem Weibchen, das sie ständig im Auge behält

8 Die Jungfische schwimmen frei. Die Zeichnung des Weibchens, die Schnelligkeit ihrer Fortbewegung und die Frequenz ihrer ruckartigen Bewegungen lösen das Nachfolgeverhalten der Jungfische aus

9 Auch wenn die Jungfische schon fast selbstständig sind, ist das Weibchen noch Mittelpunkt all ihres Handelns

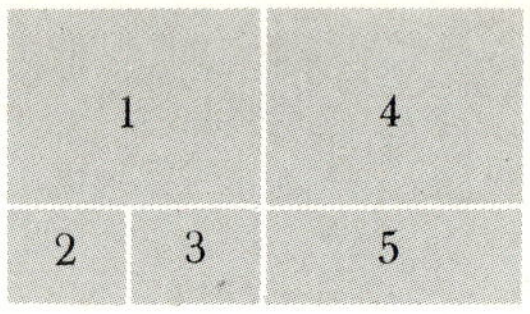

1 Von dem *Lamprologus leleupi* – Weibchen werden die Larven aus ihrer Eihülle gesaugt und

2 . . . an einer geschützten Stelle zusammengetragen. Wegen der Dottersaäcke sind die Larven noch unfähig, sich selbst fortzubewegen

3 Das Gelege wird in der Regel sorgfältig gepflegt

4 Weibchen von *Julidochromis transcriptus* an seinem kleinen Gelege. Die *Julidochromis*-Arten treiben nur eine oberflächliche Brutpflege, vor allem, wenn erst die Larven geschlüpft sind

5 Die Larven besitzen am Kopf Schleimdrüsen, mit denen sie an der Höhlendecke »kleben«. Bei guter Brutpflege wäre es nicht möglich, daß ein nichtentwickeltes Ei hängenbleibt und, wie auf dem Bild ersichtlich, verpilzt

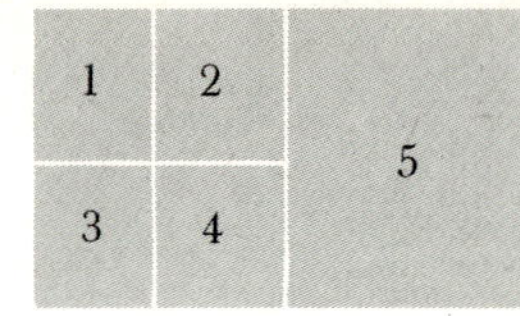

1 Das Weibchen des Schachbrettcichliden bewacht ihr Gelege auf einem Wasserpflanzenblatt

2 Offenbrüter wie *Aequidens dorsiger* bringen ihre Jungfische in Gruben »zu Bett«

3 Andere Offenbrüter wie *Herotilapia multispinosa* »hängen« ihre Larven in Wasserpflanzen

4 Ein Jungfischschwarm des Roten Cichliden (*Hemichromis lifalili*) wird hier mit Cyclops-Nauplien gefüttert

5 Das Weibchen des Kupfer-Maulbrüters mit vollem Kehlsack. Die Larven entwickeln sich dort zu Jungfischen. Wenn ihr Dottersack aufgebraucht ist, werden sie aus dem Maul entlassen

1	3
2	4

1 Junge Skalare halten auch dann noch im Schwarm zusammen, wenn die Elterntiere sich erneut dem Laichen zugewandt haben

2 Die Jungfische von *Etroplus maculatus* scheuern sich am Körper ihrer Eltern. Offenbar wird dadurch die Absonderung eines Hautschleims ausgelöst, der den Jungfischen als Nahrung dient

3 Durch bestimmte Körper- und Flossenbewegungen werden die Jungfische von *Gymnogeophagus balzanii* bei Gefahr gewarnt. Sie streben sofort dem Maul des Weibchens zu

4 Sobald für das Weibchen die Gefahr gebannt scheint, entläßt es die Jungfische wieder aus dem Maul. Sie werden regelrecht ausgespuckt

1	2	5
3	4	6

1 Die Schmetterlingsfische (*Pantodon buchholzi*) kümmern sich nach dem Laichen nicht mehr um die Eier. Hier ein Ei und ein gerade geschlüpfter Jungfisch

2 Nach ein paar Tagen sehen die Jungfische ihren Eltern schon etwas ähnlich

3 Von oben betrachtet werden die großen Brustflossen besser deutlich

4 Jungfisch im Alter von etwa einem Monat

5 *Badis badis burmanicus.* Er pflegt seine Brut nur bis zum Freischwimmen der Jungfische

6 Jungfische des Gabelbarts (*Osteoglossum ferreirai*) tragen noch Wochen nach dem Schlupf einen großen Dottersack mit sich herum

Folgende Seite: Kopfstudie *Haplochromis moorii*

Das Brutpflegeverhalten der Fische ist angeboren. Ein Fadenfischmännchen beginnt, fortpflanzungsfähig geworden, mit dem Bau von Schaumnestern, auch wenn es isoliert aufgezogen wurde und nie vorher gesehen hat, wie sie produziert werden. Ein Cichlidenweibchen »weiß«, daß das Gelege mit Frischwasser versorgt und die Eier saubergehalten werden müssen. Schon nach dem ersten Laichen steht es mit fächelnden Brustflossen über dem Gelege, entfernt mit dem Maul Schmutzpartikel und Mikroorganismen, die sich auf den Eiern abgesetzt haben und liest unbefruchtete, weiß werdende Eier aus. Offenbrütende
206/6 Cichliden helfen auch schon ihrer ersten Brut aus
den Eihüllen, transportieren die geschlüpften
Larven im Maul in die vorher ausgehobenen
210/2 Gruben und »betten« die zappelnden Kleinen am
Abend um. Sie führen den freischwimmenden Jungfischschwarm mit den arttypischen Schwimmbewegungen und Flossensignalen und warnen mit charakteristischem Flossenzucken vor Gefahren. Und die Jungfische lassen sich auf diese Signale zu Boden sinken und verstecken sich in den Zwischenräumen des Kiesgrunds.

Die starre Erbkoordination dieser Verhaltensweisen ist offensichtlich. Sie wird auch daran erkennbar, daß Pflegehandlungen mitunter durch »falsche« Reize ausgelöst werden.

So ist schon öfter beobachtet worden, daß jungeführende *Nannacara*-Weibchen, die man von ihrem Schwarm getrennt hatte, in gleicher Weise, wie sie bis dahin ihre Brut zusammengehalten hatten, einen Trupp Daphnien um sich scharten und bewachten.

Die Pflegetriebsdisposition ist augenscheinlich in einem solchen Falle so stark, daß der Ersatzreiz, der von den Bewegungen der Daphnien ausgeht, die zu dieser Phase der Brutpflege passenden Reaktionen auslöst. Die Daphnien, zu anderen Zeiten als Futter geschätzt, werden tagelang als Jungfischschwarm betreut.

Brutpflegeverhalten am falschen Objekt liegt auch im folgenden Fall vor:

Schlammröhrenwürmer, halb im Boden vergraben, bewegen ihr Hinterteil in charakteristischer Weise. Dicht an dicht nebeneinander erinnert das flimmernde Zucken an die Schwänzelbewegungen eines Larvenhaufens in seiner Grube. In Brutpflegefärbung stellte sich ein *Nannacara*-Weibchen über die Tubificiden und befächelte sie wie die eigene Brut.

Andererseits habe ich oft erleben müssen, wie brutpflegende Tiere plötzlich ihr Gelege verzehrten oder die zappelnden Larven nicht wie normal behutsam im Maul zu einer geschützten Schlafgrube transportierten, sondern als Futter verschlangen. Im allgemeinen sind aber einmal geschlüpfte Larven weniger gefährdet als die Eier, und freischwimmende Jungfische werden fast regelmäßig aufopfernd verteidigt.

Besonders junge Paare fressen manchmal das eigene Gelege, und erst bei der vierten oder fünften Brut erweisen sie sich als gute Eltern. Es ist schwer zu entscheiden, welche Ursachen dem eigentlich unnatürlichen Eier- oder Larvenfressen brutpflegender Fische zugrundeliegen.

Muß sich der angeborene Brutpflegeinstinkt erst allmählich festigen, müssen sich vorgegebene Verhaltensmuster erst »einschleifen«, ehe sie fehlerlos ablaufen? Die Tatsache, daß auch eingespielte Paare, die schon mehrere Bruten erfolgreich aufgezogen haben, plötzlich ihr Gelege fressen, spricht eigentlich dagegen. Vermutlich sind es doch häufig äußere Störungen, aquarienbedingte Einflüsse, die den normalen Ablauf der Pflegehandlungen verändern oder abbrechen lassen.

Ausgeprägte Arbeitsteilung nach dem Laichen charakterisiert das Brutpflegeverhalten der *Pelvicachromis*- und *Nanochromis*-Arten. Das
Weibchen pflegt das Gelege und die geschlüpften 204/3
Larven, das Männchen übernimmt den Schutz des Reviers um die Laichhöhle herum. Solange die Larven noch nicht schwimmfähig sind, darf das Männchen höchstens einmal für einen Augenblick zur Brut, meist wird ihm aber der Zugang energisch verwehrt. Sobald aber das Weibchen mit den freischwimmenden Jungfischen die Höhle verläßt, beteiligt sich das Männchen auch

direkt an ihrer Pflege. Die Jungfische halten sich ebenso selbstverständlich beim Männchen wie beim Weibchen auf.

Die Eizahl eines Versteckbrütergeleges ist in der Regel nicht sehr groß. Der bessere Sichtschutz in der Höhle, die sich gegen Feinde leichter verteidigen läßt, gibt auch den gegenüber dem Offenbrütergelege größeren und mitunter auffallend gefärbten Eiern Sicherheit. Die im Versteck geschützte Entwicklung bis zum schwimmfähigen Jungfisch dauert mit 8 bis 9 Tagen länger als die durchschnittliche Entwicklungszeit bei Offenbrütern.

Vielfach höhere Eizahlen, kleine glasklare, mit zunehmender Entwicklung gescheckte Eier und eine kürzere Embryonalentwicklung – je nach Wassertemperatur 1½ bis 2 Tage bis zum Schlupf, 6 Tage insgesamt bis zum Freischwimmen – gleichen den höheren Gefährdungsgrad des Offenbrütergeleges aus.

Eine weitere Sicherung liegt im engen Zusammenwirken beider Eltern bei Pflege und Schutz der Brut. Das Elternpaar hat schon gemeinsam die Laichstelle vorbereitet und durch die Wahl eines gegen Sicht gedeckten Platzes die Risiken verringert.

Man kann diesen Schutzinstinkt bei der Aquarienpflege nutzen und den Tieren gewissermaßen vorschreiben, wo sie laichen sollen, indem man einen geeigneten flachen Stein an der gewünschten Stelle plaziert und ein größeres Wasserpflanzenblatt, das Sichtschutz nach oben bietet, als Baldachin darüber anbringt. Stehen um diese Stelle noch einige Pflanzen, die eine seitliche Begrenzung des Brutreviers schaffen, ist dies der ideale Laichplatz für offenbrütende Cichliden, der meist auch angenommen wird.

Cichliden, die vorzugsweise an senkrechten Flächen ablaichen und auch Wasserpflanzenblätter annehmen, wie z. B. die Segelflosser (*Pterophyllum scalare*), akzeptieren im unbepflanzten Zuchtbecken eingestellte grüne Kunststoffstreifen als Laichsubstrat. Nach dem Laichen wechseln sich die Tiere bei der Pflege des Geleges ab. Allerdings ist vorwiegend das Weibchen für die unmittelbare Pflege zuständig, während dem Männchen die Revierverteidigung zukommt. Von Zeit zu Zeit werden die Rollen aber auch getauscht. In der Regel bleibt jedoch das Weibchen nur für Minuten in Wachposition an der Reviergrenze und löst schnell wieder ab. Nur selten einmal ist das Paar gleichzeitig über dem Gelege zu beobachten.

Die Ablösung erfolgt gewöhnlich in unmittelbarer Nähe der Laichstelle mit einem charakteristischen Begrüßungsritual. Beim Aneinandervorbeischwimmen spreizen beide Tiere die unpaaren Flossen – ein Erkennungszeichen, das Aggression verhindert.

Für die Ablösung vor allem bei der Führung des Jungfischschwarms ist wesentlich, daß Offenbrüter im allgemeinen keinen ausgeprägten Geschlechtsdimorphismus zeigen. Häufig legen auch beide Partner eine besondere Brutpflegefärbung an, die sie einander ähnlich macht.

So färbt sich zum Beispiel das *Herotilapia multispinosa*-Weibchen, wenn es Junge führt, dunkel ein. Brust und Bauch und die dazugehörigen Flossen überziehen sich rußig-schwarz. Gegenüber der hellgelben Balzfärbung verändert sich das Aussehen des Fisches auffällig. Beim Männchen tritt diese Dunkelfärbung kaum in Erscheinung, solange es seine Bewacherrolle spielt. Wenn es aber das Weibchen ablösen will, vertieft sich auch bei ihm der schwarze Überzug an Bauch und Brust.

Dunkelfärbungen beim Führen der Jungfische beobachtet man auch bei *Cichlasoma cyanoguttatum* und anderen Cichliden. Fast schwarz wird in der Brutpflegezeit ein Nanderbarsch, der Südamerikanische Vielstachler (*Polycentrus schomburgki*), der sonst grau mit dunklen Punkten erscheint. 136/1, 3

Die Gemeinsamkeit der Elternfamilie bewähren Offenbrüter in allen Phasen ihrer intensiven Brutpflege.

Sie helfen gemeinsam den schlüpfenden Larven aus der Eihülle, und beide Partner besorgen auch die zahlreichen Umsetzungsaktionen, bei denen die zappelnde Larvenschar abwechselnd

205/4 in den in näherer oder weiterer Entfernung vom
210/2 Laichplatz angelegten Gruben untergebracht werden. Bei anderen Arten, deren Larven am Kopf ein klebriges Sekret absondern (z. B. *Symphysodon, Pterophyllum, Herotilapia*), spucken die Elterntiere die Larven dicht an dicht zwischen Pflanzenstengel und an Blätter, an denen sie als
210/3 zappelnde Traube haften, bis sie erneut »umgehängt« werden.

Die Ablösung in der Führung des Jungfischschwarms spielt sich bei allen Offenbrütern in einer ähnlichen Weise ab. Das ablösende Tier schwimmt in die Nähe des führenden Tieres, das unmittelbar über dem oder im Schwarm steht und bei der Annäherung des Partners mit einem »Blitzstart« seinen Platz freimacht. Dieser Vorgang wird offenbar von den geführten Jungfischen gar nicht registriert. Das gleiche Aussehen der Eltern spielt dabei, wie schon erwähnt, sicher eine wichtige Rolle.

Unmittelbar nach dem Freischwimmen eines
210/4 Schwarms scheint es mitunter, als ob die Jungfische ihre Eltern »führen«. Wenn man an einer bestimmten Stelle füttert, drängt die Brut dorthin, während die Eltern noch wie unschlüssig stehenbleiben. Zunehmend achten sie aber darauf, daß der Jungfischschwarm zusammenbleibt und den elterlichen Signalen folgt. Wollen einzelne Jungfische eine andere Richtung einschlagen oder haben sich einige zu weit vom Schwarm entfernt, werden sie im Maul zurückgeholt und wieder in den Schwarm gespuckt. Die Jungfische lernen so, immer in der schützenden Nähe der Eltern zu bleiben – sie bilden einen bedingten Reflex aus. Bei der Führung bewegen sich die Elterntiere ruckhaft in die vorgesehene Richtung. Diese zielgerichtete und immer von Pausen unterbrochene Schwimmweise löst die Nachfolgereaktion des Schwarms aus. Flossenzucken veranlaßt die Jungfische, sich am Boden zu verstecken.

Eine Fütterung durch die Eltern erfolgt nicht. Gelegentliche Beobachtungen bei *Aequidens*-Arten können sicher nicht als Gegenbeweis anerkannt werden. Die Elterntiere, die in üblicher Weise inmitten ihres Jungfischschwarms schwimmen, fressen dabei auch. Das aufgenommene Futter wird zerkaut und manchmal wieder ausgespuckt. Die kleinen Nahrungspartikel, die zu Boden schweben, werden selbstverständlich von den in der Nähe befindlichen Jungfischen gefressen. Dieser Vorgang wird als Fütterung interpretiert, meines Erachtens aber zu Unrecht. Das Ausspucken zerkauter Nahrung – manchmal werden auch Nahrungspartikel mit dem Atemwasserstrom durch die Kiemen ausgespült – ist bei gesättigten Tieren jederzeit zu sehen, auch wenn sie keine Jungen führen.

Anders ist es mit der besonderen Form der Ernährung der Jungfische beim Diskus (*Symphysodon discus* und *S. aequifasciata*). Bereits unmittelbar nach dem Laichen kommt es in der Epidermis der Fische zu einer auffälligen Vergrößerung und Vermehrung der Schleimzellen. Die Haut ist, wenn die Jungen freischwimmen, wie mit einem trüben Schleier überzogen. Er besteht aus dem Sekret, das von den Schleimzellen abgesondert wird. Dieses schleimige Sekret ist in den ersten Wochen für die Ernährung der Jungfische unbedingt erforderlich. Sie »weiden« es vom Körper der Eltern ab. Eine Aufzucht von Diskusjungfischen mit dem üblichen Erstfutter (Rädertierchen, Cyclops- und Artemia-Nauplien) gelingt nicht. Künstliches Aufzuchtfutter, dessen Zusammensetzung geheimgehalten wird und offenbar weitgehend dem Hautsekret der Eltern entspricht, wird gegenwärtig an verschiedenen Stellen erprobt – mit gutem Erfolg.

Diskusjungfische fangen erst 4 bis 6 Tage nach dem Freischwimmen an, feinstes Lebendfutter zu fressen, bis zum Alter von 4 Wochen bleiben sie aber noch auf das Hautsekret der Eltern angewiesen.

Eine zumindest teilweise Ernährung mit dem elterlichen Hautsekret scheint auch bei dem aus
Südostasien stammenden Punktierten Bunt- 212/2
barsch (*Etroplus maculatus*) vorzuliegen. Die Jungfische dieser Cichliden scheuern sich am Körper ihrer Eltern und sollen dadurch bestimmte Schleimdrüsen zu verstärkter Produktion anregen. Der abgesonderte Schleim wird von

den Jungfischen gefressen. Sie sind aber im Gegensatz zur Diskusbrut nicht unbedingt darauf angewiesen, sondern können auch nur mit lebendem Aufzuchtfutter ernährt werden.

Die Maulbrutpflege ist bei Cichliden die am weitesten spezialisierte Art der Brutpflege. Ihre wahrscheinliche Entstehung aus Formen des Substratbrütens ist im vorangehenden Abschnitt beim Paarungsverhalten ausführlicher dargestellt worden.

An dieser Stelle sollen noch einmal einige interessante Zusammenhänge erörtert werden.

Schon die Offenbrüter kauen die schlüpfenden Larven aus den Eihüllen und transportieren die Larven geschützt im Maul von einer Grube zur anderen oder »hängen« sie mehrfach um.

Geophagus-Arten lösen bereits die Eier von der Unterlage und behalten sie im Maul. Der Zeitpunkt, an dem die Brut aufgenommen wird, ist weiter vorverlegt und der Aufenthalt im Maul verlängert worden. Innerhalb der Gattung *Geophagus* ist eine erhebliche Differenz in den Eigrößen und der Eizahl pro Laichzyklus zu registrieren, die wiederum in Wechselwirkung zum Zeitpunkt der Eiaufnahme und ihrer Zeitigungsdauer steht.

Gymnogeophagus balzanii produziert noch kleine, fast farblose Eier wie ein Offenbrüter und nimmt das Gelege erst etwa 24 Stunden nach der
175/7 Ablage ins Maul. *Geophagus steindachneri* hat dagegen fast doppelt so große, gelbe Eier, die schon bald nach dem Laichen im Maul untergebracht werden.

Der Zeitraum, in dem das Gelege dem Zugriff von Freßfeinden offen ist, verkürzt sich bei der Entwicklung zum hochspezialisierten Maulbrüter immer weiter, bis schließlich die Eier unmittelbar nach der Ablage aufgenommen werden und sogar erst im Maul die Besamung erfolgen kann. Mit zunehmender Spezialisierung, durch die sich die »offene« Zeit des Geleges und damit seine Gefährdung verringern, reduziert sich auch die Zahl der Eier, die gleichzeitig an Größe stark zunehmen.

Ein Zusammenhang zwischen der Eigröße und der Größe der Jungfische, nachdem sie den Dottersack aufgebraucht haben und selbständig schwimmen, ist ebenfalls offensichtlich.

Die Eier von *Gymnogeophagus balzanii* erreichen zum Beispiel nur etwa 1 mm Durchmesser, die freischwimmenden Jungfische messen in der Länge etwa 6 mm, wobei eine Brut von 200 Fischen, die nach 8 Tagen aus dem Maul entlassen werden, gar nicht selten ist. Im Gegensatz dazu haben die Eier von *Tropheus moorii* ungefähr 7 mm Durchmesser, und die erst nach 30 Tagen entlassenen 5 bis 10 Jungfische sind schon 15 mm lang.

Der maulbrütende Paarungspartner, meist das 211/5
Weibchen, zieht sich mit eingefülltem Kehlsack in Deckung zurück. Ein Sicherheitsvorteil der Maulbrut zeigt sich darin, daß bei Gefahr die gesamte Brut im Maul, für Freßfeinde unsichtbar, aus der Gefahrenzone transportiert wird.

Die Maulbrutpflege bringt Eiern und geschlüpften Larven aber noch weitere Vorteile. Es wird vermutet, daß besondere Schleimzellen im Maul ein bakterienhemmendes Sekret absondern und den Bakterienbefall der Eier verhindern. Tatsächlich ist noch nie beobachtet worden, daß nichtbefruchtete Eier im Maul verpilzten. Das kann mit der Maulsekretion zusammenhängen. Es ist allerdings ebenso denkbar, daß die Tiere unbefruchtete Eier ausspucken oder fressen.

Durch das Atemwasser, das die Mundhöhle durchströmt, werden Eier und Larven regelmäßig optimal mit Sauerstoff versorgt. Das dauernde Umschichten des Maulinhalts – der Vorgang ist an den Kaubewegungen des pflegenden Tieres gut zu beobachten – bringt immer andere Eier und später die geschlüpften Larven in den Atemwasserstrom. Ständiges Umlagern der Eier ist bei Maulbrütern obligatorisch. Nur dadurch ist die normale Embryonalentwicklung gewährleistet. Eier, die wegen irgendeiner Beunruhigung ausgespuckt oder auf andere Weise dem Maul entnommen werden, verderben regelmäßig, wenn sie unbewegt am Boden liegenbleiben. Andererseits gelingt ihre künstliche Aufzucht außerhalb des Mauls, hält man sie mittels Brutmaschinen immer in Bewegung.

Die Larven der Maulbrüter schlüpfen im Durchschnitt zwischen dem 4. und 5. Tag nach dem Laichen. Sie bekommen, entsprechend der Eigröße, im Dottersack eine ungewöhnlich hohe Nahrungsreserve mit. Das erklärt auch, weshalb vom Schlupf der Larven bis zum Freischwimmen der voll entwickelten Jungfische im Vergleich zu Offen- und Höhlenbrütern eine verhältnismäßig lange Zeit vergeht. Die heranwachsenden Larven verbrauchen den Dotter nicht schneller als andere, die Verwertung der vielfachen Menge beim Aufbau ihrer Körpersubstanz dauert demzufolge länger. Dafür wachsen sie noch im Schutz des Mauls und ohne fremde Nahrungsquellen kräftig heran und sind bei der Entlassung schon so groß und selbständig, daß sie Freßfeinden entgehen und bereits Futtertiere aufnehmen können, die von den viel kleineren Jungfischen anderer Arten noch nicht bewältigt werden.

Für die Beziehung der Elterntiere zu den aus dem Maul entlassenen Jungfischen ist eine Korrelation zwischen Eigröße und Dauer der weiteren Pflege bemerkenswert.

Maulbrüter mit noch relativ kleinen Eiern und vielen Jungfischen – *Geophagus*- und *Tilapia*-Arten – pflegen und schützen ihre Brut noch längere Zeit nach dem Freischwimmen. Solche mit wenigen und entsprechend größeren Eiern und Jungfischen wie zum Beispiel die *Tropheus*-Arten beachten ihre Nachkommen nach der Entlassung aus dem Maul überhaupt nicht mehr. Dazwischen liegen die *Pseudotropheus*-Arten, die sich noch einige Tage um ihre freischwimmenden Jungen kümmern und ihnen bei Gefahr Schutz gewähren, indem sie die Jungfischschar wieder im Maul aufnehmen.

Faßt man die verschiedenen Beobachtungen zur Dauer der Maulbrutpflege zusammen, ergibt sich, daß von der Eiablage bis zum Erlöschen des Brutpflegetriebs der Elterntiere im Durchschnitt etwa 30 Tage vergehen, unabhängig davon, wie lange die Larven bis zu ihrer Entlassung im Maul bewahrt werden. *Gymnogeophagus balzanii* läßt die Jungen am 10. Tage frei und betreut sie danach noch etwa 20 Tage. *Pseudotropheus*-Arten halten die Jungen durchschnittlich 20 Tage im Maul und bieten ihnen weitere 10 Tage Schutz. Bei *Tropheus*-Arten verläuft schließlich die gesamte Entwicklung bis zur vollen Selbständigkeit der Jungtiere im Maul. Nach 30 Tagen erst entlassen, kehren die Jungfische nicht mehr in den Schutz des Mauls zurück.

Beeindruckend ist das Schauspiel eines Jungfischschwarms, der bei Gefahr in das weitgeöffnete Maul des brutpflegenden Tieres strömt; es wirft Fragen auf, die Aquarianer wie Verhaltensforscher gleichermaßen beschäftigen.

Wie erkennen die Jungfische eine Gefahr? Was befähigt sie, zwischen einem Feind und dessen zum Zufassen geöffneten Maul und dem schutzbietenden elterlichen Maul zu differenzieren? Wodurch werden sie im ersten Fall zur Flucht veranlaßt? Was bringt sie im zweiten Fall dazu, schutzsuchend in das geöffnete Maul hineinzuschwimmen? 213/3 Keinesfalls darf man annehmen, daß die erstaunlichen Vorgänge dieses Verhaltens in ihrem Ursache-Wirkungs-Zusammenhang bereits vollständig erkannt wären. Einige wesentliche Glieder der Reiz-Reaktions-Kette im Bereich der visuellen und taktilen Kommunikation sind aber in recht überzeugender Weise experimentell erfaßt worden.

Offenbar handelt es sich bei dem Schutzsuchen im elterlichen Maul um eine angeborene, genetisch fixierte Disposition. Ein gerade zum ersten Male aus dem Maul entlassener Jungfisch strebt unter der Einwirkung unbekannter Außenreize instinktiv dahin zurück. Entscheidend für die in seinem Verhaltensprogramm gespeicherte Reaktion ist aber ein Schlüsselreiz, der vom brutpflegenden Tier ausgeht. Zunächst signalisiert es eine Gefahrensituation mit charakteristischen Flossenzuckungen, in ähnlicher Weise, wie das auch von Substratbrütern praktiziert wird. Das führt dazu, daß sich der Jungfischschwarm vor seinem Maul sammelt und eng zusammendrängt. Wenn die Mutter oder der Vater jetzt das Maul öffnet und gleichzeitig langsam rückwärts schwimmt oder wenigstens stehenbleibt, ist der Schlüsselreiz gesetzt: die Jungfische drängen in das schutzbietende Maul. In der Kopplung des geöffneten Mauls und der Bewegung weg vom Schwarm liegt der auslösende Reiz für die Schutzreaktion »in das Maul hinein«. Ein angreifender Freßfeind würde sich nicht von den Jungfischen weg, sondern auf sie zu bewegen und dadurch den Schwarm zur Flucht veranlassen.

Soweit konnte dieser Mechanismus durch Versuche mit *Astatotilapia burtoni*-Jungfischen eindrucksvoll geklärt werden. Eine Attrappe mit einer dunklen »Maul«öffnung und zwei seitlichen »Augen«flecken bewirkt, entsprechend langsam von den Jungfischen weggeführt, die Nachfolgereaktion und das Einschwimmen in das schützende Maul. Vollkommen funktioniert das Experiment aber erst dann, wenn gleichzeitig mit der Rückwärtsbewegung der Attrappe mittels eines an die Maulöffnung angeschlossenen Schlauches der leichte Sog der Atembewegungen des Weibchens simuliert wird: ein Beweis dafür, daß Auslösereize gewöhnlich nicht isoliert, sondern in Kombination mit anderen wirksam werden.

Eine beantwortete Frage zieht aber gleich andere nach sich. Bei *Pseudotropheus*-Arten habe ich öfter beobachten können, daß einige Tage alte Jungfische sich vor dem geschlossenen Maul des Weibchens drängten und hineinzugelangen suchten. Einen Grund für dieses Verhalten konnte ich nicht ermitteln, Gefahr war nicht zu erkennen. Die Mutter hatte nicht in der üblichen Weise gewarnt und war gar nicht aufnahmebereit.

Waren die Jungtiere durch irgendetwas für mich — und offenbar auch für das führende Tier — nicht Erkennbares beunruhigt worden und suchten sie aus angeborenem Instinkt den Schutz des mütterlichen Maules? Handelte es sich in diesen Fällen um das Resultat eines Lernprozesses, der den Schutzreflex auch ohne den Auslösereiz des geöffneten Maules funktionieren ließ? Folgten die Jungen einem Schwarmtrieb, ausgelöst durch einen oder mehrere ihrer Schwarmgenossen, die sich zufällig auf die Mutter hinbewegt hatten? Fragen, auf die ich keine Antwort finden konnte, weder bei wiederholten Beobachtungen noch bei der Durchsicht der Fachliteratur.

Aber — schon an anderer Stelle dieses Buches habe ich den Gedanken geäußert und will ihn zum Schluß wiederholen — liegt nicht gerade darin, daß noch viele Fragen offen sind, ein wesentlicher Reiz der Aquaristik?

Das meiste, was wir heute vom Verhalten der Fische wissen, stammt aus Aquarienbeobachtungen. Ungezählte Aquarianer haben dazu beigetragen. Ihre Erfahrungen und Erkenntnisse aus der Pflege und Zucht von Zierfischen bereicherten das allgemeine Wissen über das Leben der Fische außerordentlich. Auch die professionelle Verhaltensforschung nutzt erfolgreich den reichen Erfahrungsschatz der Aquaristik.

Das Aquarium bietet optimale Voraussetzungen, tiefer in biologische Zusammenhänge einzudringen. Es bleibt allerdings auch beim besten Bemühen, die natürlichen Verhältnisse nachzuahmen, ein begrenzter Ausschnitt aus der Wirklichkeit. Das muß bei der Interpretation von Beobachtungen und der Ergebnisse experimenteller Versuche beachtet werden. Manche vorschnelle Verallgemeinerung ist schon durch die aufschlußreichen Ergebnisse wissenschaftlicher Expeditionen in die Herkunftsgebiete der Zierfische korrigiert worden. Das Aquarium kann die Feldforschung im natürlichen Biotop nicht ersetzen. Es ist aber auch nicht ersetzbar, weil die Beobachtungsmöglichkeiten im Lebensraum der Fische aus vielen Gründen objektiv beschränkt sind. Der Wasserspiegel verbirgt dem Blick, was unter seiner Oberfläche geschieht. Er bildet eine Barriere, die schwer zu überwinden ist. Viele Biotope sind auch tauchend nicht zu erschließen, abgesehen von anderen Voraussetzungen, die fehlen.

Für Millionen Menschen öffnete erst die Aquaristik den Zugang zur faszinierenden Welt der Fische. Einen Teil dieser Faszination in den Bildern und im Text dieses Buches einzufangen und vermitteln zu können, war Absicht und Hoffnung des Autors. Wie weit diese Absicht gelungen und die Hoffnung begründet ist, muß dem Urteil des Lesers überlassen bleiben.

Literatur

Adler, H.E. (1975): Fish behavior: why fishes do what they do. T.F.H. Publications, Inc. Neptune, N.J.

Albrecht, H. (1962): Gasterosteus aculeatus (Gasterosteidae) Balz und Ablaichen.
Encyclopodi cin. E 721, Göttingen

Apfelbach, Raimund/Jürgen Döhl (1980): Verhaltensforschung, 3. Auflage. Gustav Fischer Verlag, Stuttgart, New York (Uni Taschenbücher; 210)

Baerends, G.P./J.M. Baerends von Roon (1950): An introduction to the study of the ethology of cichlid fishes. Behaviour, Suppl. 1, S. 1–243

Barlow, G.W. (1962): Ethology of the Asian teleost Badis badis. III. Aggressive behavior. Z. Tierpsychol. 19, S. 29–55

Bastock, M. (1969): Das Liebeswerben der Tiere. Eine zoologische Untersuchung. Gustav Fischer Verlag, Stuttgart

Beach, F. A. (1961): Hormones and Behavior. Cooper Square Publishers, New York

Berkenkamp, H.O. (1972): Unsere Beilbauchfische.
Aquarien Magazin, S. 196

Betz, K.-H. (1981): Fische schwimmen nicht nur mit den Flossen. Aquarien Magazin, S. 378

Breder, C.M. (1959): Studies on social groupings in fishes. Bull, Amer. Nat. Hist. 117, S. 395–481

Brembach, M. (1978): Halb Schnabel – halb Hecht. Zur Systematik und Biologie der »Halbschnabelhechte«.
Aquarien Magazin, S. 152

Buchholtz, C. (1973): Das Lernen bei Tieren.
Gustav Fischer Verlag, Stuttgart

Bünger, B./N. Neuschulz (1974): Sequenzuntersuchungen zum Kampfverhalten von Betta splendens-Männchen als Methode der Ethometrie. Aquarien Terrarien, S. 40

Burkhardt, D. (1972): Signale in der Tierwelt.
DTV, München

Busnel, R.–G. (1964): Acoustic Behaviour of Animals.
Elsevier, Amsterdam

Dambach, D. (1963): Vergleichende Untersuchung über das Schwarmverhalten von Tilapia-Jungfischen (Cichlidae, Teleostei). Z. Tierpsychol. 20, S. 267–296

Dokoupil, N. (1981): Einiges Wissenswertes über die Begattungsorgane der Lebendgebärenden. Aquarien Terrarien, S. 193

Eibl-Eibesfeldt, I. (1962): Freilandbeobachtungen zur Deutung des Schwarmverhaltens verschiedener Fische. Z. Tierpsychol. 19, S. 165–182
(1969): Grundriß der vergleichenden Verhaltensforschung. Piper, München

Elstner, E. (1973): Experimentelle Untersuchungen zur Verhaltensbeeinflussung von Schwarmfischen durch visuelle Umweltgrößen. Dissertation, Humboldt-Universität Berlin

Florey, E. (1975): Lehrbuch der Tierphysiologie.
Georg Thieme-Verlag, Stuttgart

Foersch, W. (1967): Anableps anableps. Ein Fisch mit vier Augen. Aquarien Terrarien, S. 194

Foersch, W./Hanrieder, A. (1980): »Wir fanden Welse«.
Aquarien Magazin, S. 686

Forselius, S. (1957): Studies of anabantid fishes. Zool. Bid. Fran. Uppsala 32, S. 93–598

Franck, D. (1964 a): Vergleichende Verhaltensstudien an lebendgebärenden Zahnkarpfen der Gattung Xiphophorus. Zool. Jb. Physiol. 71, S. 117–170
(1964 b): Versuche zur Frage der Schwertfunktion bei Xiphophorus helleri. Zool. Anz. 173, S. 315–325
(1979): Verhaltensbiologie-Einführung in die Ethologie. Georg Thieme-Verlag, Stuttgart

Frisch, K. von (1923): Ein Zwergwels, der kommt, wenn man ihn pfeift. Biol. Zbl. 43, S. 439–446
(1938): Zur Psychologie des Fischschwarmes. Naturwissenschaften 26, S. 601–606

Gery, J. (1977): Characoids of the World. T. F. H. Publications, Inc. Ltd. Neptune, N.J.

Goldenbogen, L./Röhrs, W.-H. (1976): Genau müßte man hinsehen. Das Aggressions- und Sexualverhalten des Schwertträgers.
Aquarien Magazin, S. 194

Grambow, A. (1967): Gespräche unter Wasser. Aquarien Terrarien, S. 50
Haas, A. (1956): Über die soziale Rangordnung kleinzahliger Gruppen des Malabarbärblings (Danio malabaricus Jordon). Z. Tierpsychol. 13, S. 31–45
Hartmann, M. (1947): Das Befruchtungsproblem, Forschung und Fortschritt, S. 21–23
Hediger, H. (1976): Die geteilte Sicht. Aquarien Magazin, S. 237
Heiligenberg, W. (1963): Ursachen für das Auftreten von Instinktbewegungen bei einem Fisch (Pelmatochromis subocellatus kribensis Boul. Cichlidae). Z. Vgl. Physiol. 47, S. 339–380
(1964): Ein Versuch zur ganzheitsbezogenen Analyse des Instinktverhaltens eines Fisches (Pelmatochromis subocellatus kribensis Boul.). Z. Tierpsychol. 21, S. 1–52
Heymer, A. (1977): Ethologisches Wörterbuch. Verlag Paul Parey, Berlin und Hamburg
Hinde, R. A. (1966): Animal behavior. Mc Graw-Hill, New York
Horn, P. (1967): Genetische Aspekte der Zierfischzucht. Aquarien Terrarien, S. 374
Immelmann, K. (1974): Verhaltensforschung. Sonderband in Grzimeks Tierleben. Kindler-Verlag, München
(1975): Wörterbuch der Verhaltensforschung. Taschenbuch Kindler-Verlag, München
Jacobs, K. (1969): Die lebendgebärenden Fische der Süßgewässer. Edition Leipzig
(1976): Vom Guppy dem Millionenfisch. Band 1 und 2 Landbuch-Verlag, Hannover
(1979): So begatten sich die Lebendgebärenden. Aquarien Magazin, S. 62
Keenleyside, M. H. A. (1955): Some aspects of the schooling behavior of fish. Behaviour 8, S. 183–248
Klee, O. (1979): Wie atmen unsere Fische? Aquarien Magazin, S. 3
Klix, F. (1976): Information und Verhalten. 3. Aufl. Dt. Verl. der Wissenschaften, Berlin
Klopfer, P. H.: (1969): Habitats and Territories, a Study of the Use of Space by Animals. Basis Books New York
(1974): An Instruction to Animal Behavior-Ethology's First Century. 2. Edition, Prentice-Hall Inc., Englewood Cliffs, New York
Klopfer, P. (1968): Ökologie und Verhalten. Gustav Fischer Verlag, Jena
Köhler, D. (1973 a): Zum Verhaltensinventar des Afrikanischen Großschuppensalmlers, Arnoldichthys spilopterus. Aquarien Terrarien, S. 148
(1973 b): Beobachtungen zum Putzverhalten der Sumatrabarbe, Barbus tetrazona. Aquarien Terrarien, S. 346
(1975): Können Fische hören? Aquarien Terrarien, S. 228
(1977): Der Fischschwarm. Aquarien Terrarien, S. 40, 76, 112, 148, 186, 222
Korthaus, E. (1981): Dem Malawisee auf den Grund gegangen. Das Aquarium, S. 178
Kratochvil, H. (1978): Der Knurrende Gurami, ein Fisch, der »Gitarre« spielt. Aquarien Magazin, S. 474
Kuenzer, E. und P. (1962): Untersuchung zur Brutpflege der Zwergcichliden Apistogramma reitzigi und A. borellii. Z. Tierpsychol. 19, S. 56–83
Kuenzer, E. (1965): Zur optischen Auslösung von Brutpflegehandlungen bei Nannacara anomala-Weibchen (Teleostei, Cichlidae). Naturwissenschaften 52, S. 19–20
(1966): Wie »erkennen« junge Buntbarsche ihre Eltern? Umschau 66, S. 795–800
(1968): Die Auslösung der Nachfolgereaktion bei erfahrungslosen Jungfischen von Nannacara anomala (Cichlidae). Z. Tierpsychol. 25, S. 257–314
Kühme, W. (1961): Verhaltensstudien am maulbrütenden Betta anabatoides (Bleeker) und ... Betta splendens (Regan). Z. Tierpsychol. 18, S. 33–35
(1963): Warum schwimmen Fische in Schwärmen? Naturw. Rdschau 27, S. 70–71
Kühn, A. (1919): Die Orientierung der Tiere im Raum. Gustav Fischer Verlag, Jena
Ladiges, W. (1951): Der Fisch in der Landschaft. Verlag Gustav Wenzel und Sohn, Braunschweig
Lamprecht, J. (1972): Verhalten, 2. Aufl. Herder, Freiburg
Laudien, H. (1965): Untersuchungen über das Kampfverhalten der Männchen von Betta splendens Regan (Anabantidae, Pisces). Z. Wiss. Zool. 1972, S. 135–178
Lawick, H. V. und Lawick-Goodall, J. v. (1972): Unschuldige Mörder. Rowohlt, Hamburg
Lerch, K. (1968): Das Geruchsorgan der Fische. Aquarien Terrarien, S. 94
(1980): Die Hautsinneszellen der Aquarienfische, Aquarien Terrarien, S. 26, 60
Lorenz, K. (1937): Über die Bildung des Instinktbegriffes. Naturwissensch. 25, S. 289–300; 307–318; 325–331
(1939): Vergleichende Verhaltensforschung. Verhandl. DZG Rostock, Zool. Anz. Suppl. 12, 69–102
(1953): Verständigung unter Tieren. Forum 1
(1957): Methoden der Verhaltensforschung. In: W. Kükenthal, Handbuch der Zoologie 8, 10 (1), S. 1–22
(1961 a): Prinzipien der vergleichenden Verhaltensforschung. Fortschr. Zool. 12, S. 265–294
(1961 b): Phylogenetische Anpassung und adaptive Modifikation des Verhaltens. Z. Tierpsychol. 18, S. 139–187
(1973): Das sogenannte Böse. Zur Naturgeschichte der Aggression. Verlag Borotha-Schoeler, Wien
Lüling, K. H. (1969): Das Beutespucken vom Schützenfisch Toxotes jaculatrix und Zwergfadenfisch Colisa lalia. Bonn. Zool. Beitr. 20, S. 416–422

(1977): Die Knochenzüngler-Fische. A. Ziemsen-Verlag, Wittenberg
(1980 a): Das Fischparadies Yarina Cocha. Aquarien Magazin, S. 248
(1980 b): Südamerikanische Fische und ihr Lebensraum. Engelbert Pfriem-Verlag, Wuppertal
Mann, H. (1949): Befruchtungsstoffe bei Fischen. Wochenschrift, S. 13—15 und 36—38
Manning, A. (1979): Verhaltensforschung: eine Einführung. Springer-Verlag, Berlin, Heidelberg, New York
Marler, P. R./Hamilton, W. J. (1972): Tierisches Verhalten, Mechanismen des Verhaltens. Akademie-Verlag, Berlin
Mc Farland, D. J. (1966): On the causal and functional significance of displacment activities. Z. Tierpsychol. 23, S. 217—235
Mayland, H. J. (1976): Auf den Spuren Humboldts. Eine Reise ins Orinocogebiet. Aquarien Magazin, S. 432
(1977, 1978, 1979): Große Aquarienpraxis. I—III. Landbuch-Verlag, Hannover
(1980): Das Fischparadies Chaco. Aquarien Magazin, S. 128
(1981): Im Land der Diskusfische. Aquarien Magazin, S. 433
Mayer, E. (1967): Artbegriff und Evolution. Verlag Paul Parey, Hamburg und Berlin
Nelson, K. (1965): After-effects of courtship in the male three-spined stickleback. Z. Vergl. Physiol. 50, S. 569—597
Noble, G. K./Curtis, B. (1939): The Social Behavior of the Jewel Fish, Hemichromis bimaculatus.
Bull. Amer. Mus. Nat. Hist. 76, S. 1—46
Normann, J. R. (1966): Die Fische. Eine Naturgeschichte. Verlag Paul Parey, Berlin und Hamburg
Ohm, D. (1958 a): Die ontogenetische Entwicklung des Kampfverhaltens bei Aequidens portalegrensis und Ae. latifrons (Cichlidae). Verh. Deutsch. Zool. Ges. Frankfurt (Main)
(1958 b): Vergleichende Beobachtungen am Balzverhalten von Aequidens (Cichlidae). Wiss. Z. Humboldt-Universität. Berlin, Math.-Nat. Reihe 8, S. 357—404
(1964): Die Entwicklung des Kommentkampfverhaltens bei Jungcichliden. Z. Tierpsychol. 21, S. 308—325
Paepke, H. J. (1973): Zur Fortpflanzungsbiologie des Bitterlings. Aquarien Terrarien, S. 403
(1981): Segelflosser. Die Neue Brehm-Bücherei. A. Ziemsen-Verlag, Wittenberg
Parzefall, J. (1969): Zur vergleichenden Ethologie verschiedener Mollienesia-Arten einschließlich einer Höhlenform von M. sphenops. Behaviour 33, S. 1—37
Paulo, J. (1981): Ein Schwabe im Tanganjikasee: Lamprologus ocellatus. Boulenger 1899. DCG-Info 12 (5) 1981: 92—100
Pelwijk, J. J. Ter/Tinbergen, N. (1937): Eine reizbiologische Analyse einiger Verhaltensweisen von Gasterosteus aculeatus. Z. Tierpsychol. 1, S. 193—204
Peters, H. M. (1937): Experimentelle Untersuchungen über die Brutpflege von Haplochromis multicolor, einem maulbrütenden Knochenfisch. Z. Tierpsychol. 1, S. 204—218
Peters, H. M. (1965): Angeborenes Verhalten bei Buntbarschen. Umschau, S. 665—669; 711—717
Peters, H. M./Berns, S. (1978): Über die Vorgeschichte der maulbrütenden Cichliden. Aquarien Magazin, S. 211; 324
Pinter, H. (1971 a): Über die Bedeutung von Befruchtungsstoffen. Aquarien Terrarien, S. 78
(1971 b): Fische mit innerer Befruchtung. Aquarien Terrarien. S. 260; 332
Ploog, D./Gottwald, P. (1974): Verhaltensforschung. Urban und Schwarzenberg, München
Redaktion Aquarienmagazin (1977): Kosmos-Handbuch Aquarienkunde. Das Süßwasseraquarium. Kosmos-Verlag, Stuttgart
Reichenbach-Klinke, H.-H. (1970): Grundzüge der Fischkunde. Gustav Fischer-Verlag, Jena
Reisinger, E. (1949): Vergleichende Verhaltensstudien an Buntbarschen. Z. Tierpsychol. 6, S. 202—235
Remane, A. (1976): Sozialleben der Tiere. Gustav Fischer Verlag, Stuttgart
Reyer, H. U. (1975): Ursachen und Konsequenzen von Aggressivität bei Etroplus maculatus (Cichlidae, Pisces). Z. Tierpsychol. 39, S. 415—454
Richter, H.-J. (1979): Das Buch der Labyrinthfische. Neumann-Verlag, Leipzig-Radebeul
(1980): Fische züchten ein Problem? Landbuch-Verlag, Hannover
Roe, A./Simpson, G. G. (1964): Behaviour and Evolution. Yale University Press New Haven and London
Shaw, E. (1962): The schooling of fishes. Sci. Amer. 206 (6), S. 128—138
Schade, R. (1971): Experimentelle Untersuchungen zum Hörvermögen an Leucaspius delineatus. Biol. Zbl. 90, S. 337—356
Schmidt-Focke, E. (1980): Auf der Suche nach Wildkampffischen in Thailand. Aquarien Magazin, S. 55
Schröder, J. H. (1971): Fische als Objekte der Mutationsforschung. Die Mutabilität der Guppys. Aquarien Terrarien, S. 4
Scott, J. P. (1946): The Analysis of Social Organisation in Animals. Ecology 37, S. 213—221
(1958): Animal behavior. University of Chicago, Chicago
Seghers, B. H. (1974): Schooling behavior in the Guppy (Poecilia reticulatus) an evolutionary response to predation. Evolution 28, S. 486—489

Seitz, A. (1940): Die Paarbildung bei einigen Cichliden (I). Z. Tierpsychol. 4, S. 40—84

(1943): Die Paarbildung bei einigen Cichliden (II). Z. Tierpsychol. 5, S. 74—101

Sjölander, S. (1977): Wie sprechen Fische miteinander? Aquarien Magazin, S. 20

(1972): Feldbeobachtungen an einigen westafrikanischen Cichliden. Aquarien Terrarien, S. 42; 86; 116

Schneider, D. (1975): Kommunikation mit chemischen Signalen. Jb. Max Planck-Gesellsch.

Staeck, W. (1973): Cichliden. Verbreitung—Verhalten—Arten. Bd. 1. Engelbert Pfriem-Verlag, Wuppertal

(1977): Cichliden. Verbreitung—Verhalten—Arten. Bd. 2. Engelbert Pfriem-Verlag, Wuppertal

(1976): Lebensräume im Tanganjikasee. Aquarien Magazin, S. 164

(1980): Aufwuchsfresser: Beobachtungen an ostafrikanischen Cichliden. Aquarien Magazin, S. 44

Stallknecht, H. (1975): Mitteilungen zum Territorialverhalten bei Schwarmfischen. Aquarien Terrarien, S. 374

Stawikowski, R. (1981): Nahrungsspezialisten aus dem Malawisee. Aquarien Magazin, S. 496

Sterba, G. (1975): Aquarienkunde. Bd. 1. Urania-Verlag, Leipzig · Jena · Berlin

(1977): Süßwasserfische aus aller Welt. Urania-Verlag, Leipzig · Jena · Berlin

Stolk, A. (1980): Sprache der Fische. Landbuch-Verlag, Hannover

Stebbins, G. L. (1968): Evolutionsprozesse. Einzelvorgänge im Wandel der Organismen. Gustav Fischer Verlag, Jena

Steven, D. M. (1959): Studies an the shoaling behavior of fish I. Responses of the species to changes of illumination and to olfactory stimuli. J. Exper. Biol. 36, S. 261—280

Stokes, A. W. (1971): Praktikum der Verhaltensforschung. Gustav Fischer Verlag, Jena

Tembrock, G. (1961): Verhaltensforschung — eine Einführung in die Tier-Ethologie. Gustav Fischer Verlag, Jena

(1967): Grundlagen der Tierpsychologie. Akademie-Verlag, Berlin

(1970): Probleme der Biokommunikation. Biol. Rdschau 8, S. 129—141

(1980): Grundriß der Verhaltenswissenschaften. Gustav Fischer Verlag, Jena

Thines, G./Vandenbussche, E. (1966): The effects of alarm substance on the schooling behaviour of Rasbora heteromorpha in day and night conditions. Anim. Behav. 14, S. 296—302

Tinbergen, N. (1940): Die Übersprungbewegung. Z. Tierpsychol. 4, S. 1—40

(1955): Tiere untereinander — Soziales Verhalten bei Tieren. Verlag Paul Parey, Berlin und Hamburg

(1972): Instinktlehre. 5. Aufl., Verlag Paul Parey, Berlin und Hamburg

Todt, D. (1976): Funk-Kolleg Biologie. Fischer-Taschenbuch-Verlag, Weinheim

Uexküll, J. V. (1937): Umweltforschung. Z. Tierpsychol. 1, S. 33—34

Vierke, J. (1973): Das Wasserspucken der Gattung Colisa (Pisces, Anabantidae). Bonn. Zool. Beitr. 24, S. 62—104

Ward, R. W. (1966): Sensory modalities functioning in aggression and dominance determination in the Paradise Fish, Macropodus opercularis. Amer. Zool. 6, S. 299

(1967): Ethology of Paradise Fish, Macropodus opercularis, I. Differences between Domestic and Wild Fish. Copeia, S. 809—813

Weihs, D. (1974): Warum schwimmen Fische in Schwärmen? Naturw. Rdschau 27, S. 70—71

Wickler, W. (1962): Zur Stammesgeschichte funktionell korrelierter Organ- und Verhaltensmerkmale: Ei-Attrappen und Maulbrüten bei afrikanischen Cichliden. Z. Tierpsychol. 19, S. 129—164

(1965): Neue Varianten des Fortpflanzungsverhaltens afrikanischer Cichliden. Naturwiss. 52, S. 219

(1966 a): Sexualdimorphismus, Paarbildung und Versteckbrüten bei Cichliden. Zool. Jb. Syst. 93, S. 127—138

(1966 b): Über die biologische Bedeutung des Genitalanhanges der männlichen Tilapia macrochir. Senck. biol. 47, S. 419—427

(1967): Vergleichende Verhaltensforschung und Phylogenetik. In G. Heberer: Die Evolution der Organismen. Gustav Fischer Verlag, Stuttgart

(1969): Zur Soziologie des Brabantbuntbarsches, Tropheus moorei (Pisces, Cichlidae). Z. Tierpsychol. 26, S. 967—987

(1970 a): Vergleich des Ablaichverhaltens einiger paarbildender sowie nicht paarbildender Pomacentriden und Cichliden. Aquarien Terrarien, S. 18; 52

(1970 b): Stammesgeschichte und Ritualisierung. Zur Entstehung tierischer und menschlicher Verhaltensmuster. Piper-Verlag, München

(1970 c): Das Züchten von Aquarienfischen. Franckh'sche Verlagshandlung, Stuttgart

Wickler, W./Seibl., U. (1977): Konsequenzen sozialen Verhaltens. Hoffmann und Campe, Hamburg

Williams, G. C. (1964): Maesurement of consociation among fishes. Pub. Mus. Mich. State Univ., Biol. Ser. 2, S. 349—384

Register

Die halbfetten Ziffern verweisen auf Abbildungen.

Eingangsgestaltung
Seite 1 *Catoprion mento*
Seiten 2/3 *Lamprologus fasciatus* und *Lamprologus* spec.
Seite 4 *Apistogramma cacatuoides*
Seite 6 Roter Schleierkampffisch (Betta splendens)
Seite 8 *Tateurndina ocillicauda*